JN234714

基礎化学コース

電気化学

渡辺 正・金村聖志・益田秀樹・渡辺正義 共著

井上晴夫・北森武彦・小宮山真・高木克彦・平野眞一 編

丸善出版

発刊にあたって

　大学での化学教育は現在大きな変革期を迎えている．細分化と多様化を急速に繰り返す現代技術を背景に，確固たる基礎教育の理念のあり方が問われているのである．また，大学進学率の着実な増加を背景に，より分かりやすい講義が一層求められている一方で，大学院重点化による基礎教育と専門教育の再編成，再構築が行われようとしている．この目的は，学部段階では徹底的な基礎教育を行い，大学院における専門分野を展開可能にする基礎体力を十分に養成しようというものである．基本的な化学教育体系そのものは短期的に変化するものではないが，従来に比べて学部段階でさらにじっくりと時間をかけながら十分な基礎教育を行い，それを専門教育につなげるということである．いい換えれば，知識優先の教育ではなく，基礎概念をいかに把握するかに重点を置いた教育を行おうとしているのである．このような状況を背景にして，今回新たに，"基礎化学コース"として化学領域全般にわたる教科書シリーズを発刊することになった．編集委員会では新しいカリキュラムを先導する内容構成となるよう，シリーズを構成する各巻を選定し，学部教育に熱意ある適任の方々にご執筆をお願いした．

　編集にあたって具体的には特に次の点に留意した．

* 著者の自己満足に陥りがちな微に入り細にわたる説明よりも，基礎的な概念がどうしたら理解されるかに主眼をおいた．
* 知識の羅列や押しつけではなく，共に考えるという姿勢で読者に語りかける口語調の文体とした．
* 図・表・イラスト・囲み記事を多く取り入れ，要点が把握しやすい構成とした．

*各章の初めにその章で学ぶポイントを整理して掲げた．
*数式の導入，展開よりも式のもつ物理的・化学的意味を理解させることに比重を置いた説明をした．

　編集委員会としては"基礎化学コース"の特徴を明示すると共に，各巻の構成，内容構成の詳細まで意を尽くしたつもりであるが，最も重要な編集作業は，適任の著者にご執筆をお願いすることであると考えている．その意味で大変充実した執筆陣をそろえる事ができたと自負している．編集委員会の様々な要望を甘受して，貴重な時間を割いてご執筆戴いた著者の方々にこの場を借りて深く感謝する次第である．また，丸善(株)出版事業部の中村俊司氏，小野栄美子氏，中村理氏にはシリーズの企画段階から発刊の具体的作業に至るまで大変お世話になった．心より御礼申し上げる．

　本シリーズの各巻は半期の講義（約13〜15回）に使用することを念頭に置いている．基本的には大学学部，化学系の学生が体系的に化学領域全般を学習する際の教科書として位置づけているが，上述のように知識優先ではなく基礎概念の把握に焦点を当てているので，化学系以外の大学学部教科書としても大変意味のあるものになったと自負している．同様の理由で工業系，化学系短期大学，高等専門学校においても教科書として活用して戴くことを期待している．

　　平成7年　師走

編集委員一同

はじめに

　電気化学 electrochemistry という学問は，電子のやりとりを伴う化学現象を解き明かし，その成果を暮らしに役立てる．ボルタ電池の発明（1800 年）でアルカリ金属の実物を科学の世界に引き入れ，20 世紀初頭に物理化学という学問を確立させた電気化学には，電池，電解合成，センサー，表面処理……といったいくつもの大事な応用分野がある．とりわけ昨今，高性能の電池を生んで先端技術社会を支えるかたわら，守備範囲もいよいよ広がってきた．

　その電気化学が"わかりにくい"という声をよく耳にする．中学高校で習う酸化還元，電池，電気分解は電気化学そのものなので，わかりにくくした原因の一つは初中等教育にちがいない．事実もう半世紀以上，1 章に詳述するとおり，中学でも高校でも電気化学をウソのイメージで教えてきた．たとえば著者のひとりは，ある理工系学科の 1 年生に 1 章の内容を語るとき，"電気分解ではイオンが反応する"という刷りこみの威力をしじゅう思い知らされる．電気化学の理解には"イオンが反応"神話を忘れるのが絶対だから，まず 1 章をじっくりお読みいただければと思う．

　続く 2〜5 章を基礎理論にあて，平衡論（2,3 章）と速度論（4,5 章）の骨子を述べる．"電気化学"の電気（電子）と化学（変化）をつなぐ二つの因子——エネルギーと粒子運動——につき，高校レベルの物理・数学をつかい，数値できちんとつかむのが目標となる．ぜひ電卓をたたきながら読み進んでいただきたい．

　6〜8 章では，電気化学の技法をつかえば何がわかるのかを紹介する．電極-電解液界面というユニークな場を舞台に進む原子・分子レベルの現象がだいぶ"見えてきた"のを感じとっていただけよう．

　9〜12 章は応用分野の解説にあてる．急速に展開しつつある 10 章"電池"は，1999 年ごろまでの成果をとりこんだ．11 章"光と電気化学"では半導体をつかう人工的光エネルギー変換と天然の光合成について，また 12 章"材料と電気化学"

では暮らしと電気化学のかかわりについて，それぞれ一端をのぞこう．

電解工業，腐食・防食，膜現象，電極触媒，イオンセンサー，界面インピーダンス測定を始めとする計測法などのくわしい紹介はできなかったため，電気化学の総合的テキストとはいえないけれど，基礎概念は随所にちりばめてある．

各章の末尾には"演習問題"をおき，必要十分と思うデータの類や，込み入った式の導出は"付録"に回した（2,3章の学習では，理論の背景や細部はともかく，"付録"④と⑦にあげた数値の意味をつかみ，つかいこなせるようになればよい）．やや進んだ内容，読み物ふうの記事，初等中等の化学教育について日ごろ感じている疑問点などを合計31個のコラムにした．

1〜5，7，11章と"付録"を渡辺（正），6，8章を渡辺正義，9，10章を金村，12章を益田が分担した．全体の構成や語り口については，まとめ役の渡辺が全責任を負う．

執筆の機会をくださった本シリーズの編集委員会，素稿段階で冒頭数章の不備などを指摘いただいた駿台予備学校講師 大川 忠博士，データの転載を快諾いただいた東北大学の板谷謹悟教授，山梨大学の渡辺政廣教授と内田裕之 教授，大阪大学の桑畑 進 教授，宇都宮大学の吉原佐知雄 助教授，図1.1の測定に協力いただいた埼玉工業大学の手塚 還教授と東京大学生産技術研究所の吉田章一郎博士，制作を担当された丸善出版事業部の中村俊司氏と小野栄美子さんにお礼申し上げます．

2001年2月

著者一同

編者・執筆者一覧

編集委員 　井上　晴夫　　東京都立大学大学院工学研究科応用化学専攻
　　　　　北森　武彦　　東京大学大学院工学系研究科応用化学専攻
　　　　　小宮山　真　　東京大学先端科学技術研究センター
　　　　　高木　克彦　　名古屋大学大学院工学研究科物質化学専攻
　　　　　平野　眞一　　名古屋大学大学院工学研究科応用化学専攻

執 筆 者 　渡辺　　正　　東京大学生産技術研究所
　　　　　金村　聖志　　東京都立大学大学院工学研究科応用化学専攻
　　　　　益田　秀樹　　東京都立大学大学院工学研究科応用化学専攻
　　　　　渡辺　正義　　横浜国立大学大学院工学研究院機能の創生部門

(2001年4月現在)

目　次

1章　電気化学系の姿 ——————————————————— *1*

   1.1　半世紀の闇　*1*
   1.2　事実を見よう：水の電解　*3*
   1.3　電極界面のワンダーランド　*5*
       1.3.1　電圧が足りないとき：界面コンデンサーの充電　*5*
       1.3.2　電気二重層の形成　*6*
       1.3.3　電気化学系のエッセンス：電気二重層の姿　*7*
       1.3.4　イオン濃度と電気二重層の厚み　*9*
   1.4　電気分解の進みかた　*10*
   1.5　反応物は何か？　*13*
       1.5.1　170年前の亡霊　*13*
       1.5.2　反応物を決める二つの要因　*15*
       1.5.3　濃度の効果（1）―水の電解反応　*15*
       1.5.4　濃度の効果（2）―食塩水の電解　*17*
   1.6　まとめ　*18*
   演習問題　*19*

2章　物質のエネルギーと平衡 ——————————————— *21*

   2.1　化学変化をみる視点　*21*
   2.2　エネルギーとその表現　*22*
       2.2.1　エネルギーと安定・不安定　*22*
       2.2.2　単　位　*22*
       2.2.3　電位差と電位　*22*
       2.2.4　電子ボルト（eV）という単位　*23*
   2.3　化学変化とエネルギー　*23*
       2.3.1　エンタルピー変化＝反応熱　*23*

目次

   2.3.2 エントロピー変化 *24*
   2.3.3 ギブズエネルギー変化 *25*
   2.3.4 反応が右に進むための条件 *25*
  2.4 標準生成ギブズエネルギー *26*
   2.4.1 化合物 *27*
   2.4.2 水溶液中のイオン *27*
   2.4.3 反応の向きの判定 *27*
   2.4.4 $\Delta_f G°$の有用性 *28*
  2.5 化学ポテンシャルと平衡 *29*
   2.5.1 活　量 *30*
   2.5.2 化学ポテンシャル *31*
   2.5.3 つりあいの条件 *31*
   2.5.4 $\Delta G°$値と平衡のかたより *32*
  2.6 まとめ *34*
  演習問題 *34*

3章　標準電極電位 ―――*37*

  3.1 電位の世界へ *37*
   3.1.1 $\Delta G°$から電位差へ *37*
   3.1.2 電位差から電位へ *38*
  3.2 標準電極電位 $E°$ *38*
   3.2.1 電位の原点 *38*
   3.2.2 電極界面でみる $E°$ のイメージ *39*
   3.2.3 $E°$値の素性 *43*
   3.2.4 $E°$データが語ること *43*
  3.3 式量電位 *48*
  3.4 ネルンストの式 *49*
   3.4.1 電気化学ポテンシャル *49*
   3.4.2 ネルンストの式 *50*
   3.4.3 具体例 *51*
   3.4.4 ネルンストの式の応用 *52*
  3.5 まとめ *53*
  演習問題 *53*

目次　ix

4章　電解電流（1）—電位が決める電流　　57

　4.1　無限大から有限へ　57

　4.2　化学反応の活性化エネルギー　58

　　4.2.1　反応分子のエネルギー事情　58
　　4.2.2　活性化エネルギーの中身　59
　　4.2.3　反応速度と速度定数　60
　　4.2.4　化学反応と電極反応　60

　4.3　電位の制御　60

　　4.3.1　電極2本の場合　60
　　4.3.2　電極3本の場合　61

　4.4　電位と電流　62

　　4.4.1　エネルギー曲線のシフト　62
　　4.4.2　活性化エネルギーの変化　62
　　4.4.3　電解電流の表現　63
　　4.4.4　平衡電位で流れる電流　64
　　4.4.5　電位をずらしたとき流れる電流　64
　　4.4.6　ターフェルの関係　65
　　4.4.7　過電圧　65

　4.5　まとめ　67

　演習問題　70

5章　電解電流（2）—物質輸送が決める電流　　73

　5.1　切符と電流　73

　5.2　拡　散　74

　5.3　電極界面のダイナミックス　75

　　5.3.1　電気二重層の充電　75
　　5.3.2　電子移動律速の電極反応　75
　　5.3.3　拡散律速の電極反応　76
　　5.3.4　ダイナミックスのまとめ　77

　5.4　電気泳動で決まる電流　79

　5.5　熱運動の世界　80

　　5.5.1　粒子の運動速度　80

x　目　次

　　　　5.5.2　衝突頻度　　80
　　　　5.5.3　拡散距離　　80
　　　　5.5.4　熱運動と反応速度　　81
　　5.6　まとめ　　82
　　演習問題　　82

6章　ボルタンメトリー ―――――――――――――85

　　6.1　静の E から動の E へ　　85
　　6.2　ボルタンメトリーの基礎　　86
　　　　6.2.1　道　具　　86
　　　　6.2.2　試験溶液　　87
　　　　6.2.3　バックグラウンド測定　　88
　　　　6.2.4　反応物の測定　　89
　　6.3　ボルタモグラムの解剖　　90
　　　　6.3.1　界面で進む現象　　90
　　　　6.3.2　ボルタモグラムのもたらす情報　　92
　　　　6.3.3　実例：フェロセンのボルタンメトリー　　93
　　　　6.3.4　非可逆系のボルタモグラム　　95
　　6.4　電極のサイズの効果　　95
　　　　6.4.1　微小電極をつかうボルタンメトリー　　95
　　　　6.4.2　ボルタモグラムが変わる理由　　97
　　　　6.4.3　時間と空間のからみあい　　98
　　演習問題　　100

7章　電極表面で起こる現象 ―――――――――――103

　　7.1　電極反応と表面　　103
　　7.2　水素発生反応　　104
　　　　7.2.1　電子授受と H_2 分子の生成　　104
　　　　7.2.2　電極材料と反応速度　　105
　　7.3　酸素発生反応　　107
　　7.4　金属のアンダーポテンシャル析出　　108
　　　　7.4.1　アンダーポテンシャル析出（UPD）　　108

        7.4.2　UPDの起こる理由　*108*
　7.5　自己組織化単分子層　*109*
        7.5.1　相性のよい硫黄と金属　*109*
        7.5.2　単分子層の自己組織化　*110*
　7.6　単分子層の電子授受　*111*
        7.6.1　電解電流の大きさ　*111*
        7.6.2　ボルタモグラム　*111*
　7.7　表面種の定量：EQCM法　*113*
        7.7.1　EQCMの原理　*113*
        7.7.2　EQCMの応用例　*113*
　7.8　電極表面を見る：電気化学STM　*115*
        7.8.1　STMの原理　*115*
        7.8.2　STM観測の例　*116*
　7.9　まとめ　*118*
　演習問題　*118*

8章　電解液─────────────*121*

　8.1　物質の導電率　*121*
        8.1.1　導電率とその表現　*121*
        8.1.2　導電率の広がり　*122*
        8.1.3　電子伝導体とイオン伝導体の出合い　*122*
        8.1.4　電解液のイオン導電率の測定　*123*
　8.2　電解液のモル導電率と輸率　*125*
        8.2.1　モル導電率　*125*
        8.2.2　輸率　*126*
　8.3　モル導電率と濃度の関係　*126*
        8.3.1　実測データの例　*126*
        8.3.2　強電解質　*127*
        8.3.3　無限希釈モル導電率　*127*
        8.3.4　弱電解質　*128*
　8.4　イオンの移動度を決める要因　*129*
        8.4.1　イオン間の相互作用とイオン強度　*129*

8.4.2　イオン雰囲気とデバイ半径　*130*
　　8.4.3　活量係数とモル導電率　*131*
　　8.4.4　ストークス半径とワルデン則　*131*
　　8.4.5　溶媒和の影響　*132*
　　8.4.6　高速で動く H^+ と OH^-　*132*
　8.5　まとめ　*134*
　演習問題　*134*

9章　固体電解質 ―――*137*

　9.1　固体だけの電気化学系　*137*
　9.2　固体電解質の種類　*137*
　　9.2.1　無機の固体電解質　*138*
　　9.2.2　高分子固体電解質　*140*
　9.3　導電率 σ の温度変化　*142*
　　9.3.1　温度変化の背景　*142*
　　9.3.2　エーテル系高分子固体電解質　*143*
　9.4　固体電解質-固体電極の界面　*144*
　9.5　混合伝導性酸化物　*144*
　9.6　固体電解質の応用　*145*
　　9.6.1　応用分野　*145*
　　9.6.2　酸素イオン伝導体　*146*
　　9.6.3　その他　*147*
　9.7　まとめ　*147*
　演習問題　*147*

10章　電　池 ―――*149*

　10.1　電池の歩み　*149*
　10.2　電池のつくり　*149*
　10.3　一次電池　*150*
　　10.3.1　マンガン乾電池　*151*
　　10.3.2　アルカリマンガン乾電池　*152*

目次　xiii

　　　10.3.3　空気電池　*154*
　　　10.3.4　リチウム電池　*155*
　10.4　二次電池　*156*
　　　10.4.1　鉛蓄電池　*156*
　　　10.4.2　ニッケル-カドミウム電池　*157*
　　　10.4.3　ニッケル-金属水素化物電池　*158*
　　　10.4.4　リチウムイオン電池　*159*
　10.5　燃料電池　*160*
　　　10.5.1　リン酸型燃料電池　*161*
　　　10.5.2　溶融炭酸塩型燃料電池　*161*
　　　10.5.3　固体酸化物型燃料電池　*162*
　　　10.5.4　固体高分子型燃料電池　*163*
　10.6　電池の電解質　*163*
　10.7　電池のエネルギー密度　*165*
　演習問題　*165*

11章　光と電気化学　*167*

　11.1　超高速のミニ電池　*167*
　　　11.1.1　電磁波と光　*167*
　　　11.1.2　光子のエネルギーと個数　*168*
　　　11.1.3　光子の吸収　*168*
　　　11.1.4　光吸収の強さ：ランベルト・ベールの式　*169*
　11.2　励起状態の性質　*169*
　　　11.2.1　励起分子の寿命　*169*
　　　11.2.2　光励起と酸化還元力　*170*
　11.3　光反応の効率　*171*
　　　11.3.1　量子収率　*171*
　　　11.3.2　光エネルギー変換効率　*171*
　11.4　半導体の光電極反応　*172*
　　　11.4.1　半導体のエネルギー状態　*172*
　　　11.4.2　不純物半導体　*173*
　　　11.4.3　n型半導体の分極挙動　*173*
　　　11.4.4　n型半導体の光電極反応　*174*

11.4.5　分光増感　*175*
　　　11.4.6　光触媒　*176*
　11.5　太陽電池　*176*
　　　11.5.1　p-n接合型太陽電池の原理　*176*
　　　11.5.2　太陽光エネルギー変換効率　*177*
　11.6　光合成　*179*
　　　11.6.1　太陽光エネルギーの大きさ　*180*
　　　11.6.2　光合成と物質循環　*180*
　　　11.6.3　光合成の基本反応　*180*
　　　11.6.4　太陽光エネルギー変換効率　*182*
　演習問題　*183*

12章　材料と電気化学—めっき・表面加工　*185*

　12.1　電気化学と科学・技術　*185*
　12.2　電気めっき　*186*
　　　12.2.1　めっきという現象　*186*
　　　12.2.2　めっきの仕上がりを決める要因　*187*
　　　12.2.3　めっき浴の添加剤　*188*
　　　12.2.4　代表的な金属のめっき　*188*
　　　12.2.5　複合めっき　*190*
　　　12.2.6　電着塗装　*191*
　12.3　無電解めっき　*191*
　　　12.3.1　無電解めっきのしくみ　*191*
　　　12.3.2　代表的な金属の無電解めっき　*192*
　　　12.3.3　絶縁物の無電解めっき　*193*
　12.4　めっき利用の"ものづくり"：電鋳　*194*
　12.5　陽極酸化とエッチング　*195*
　　　12.5.1　アルミニウムの陽極酸化　*195*
　　　12.5.2　チタン，マグネシウムの陽極酸化　*197*
　　　12.5.3　アノード溶解　*197*
　演習問題　*198*

付　録

① 国際単位系　　201
② 物理定数・原子量　　202
③ 硫酸の電離度　　203
④ 標準生成ギブズエネルギー$\Delta_f G°$　　204
⑤ $\mu = \mu° + RT \ln a$ の導出　　205
⑥ $\Delta_r G° = -RT \ln K$ の導出　　207
⑦ 標準電極電位 $E°$　　208
⑧ ネルンストの式の導出　　210
⑨ フィックの第二法則　　211
⑩ コットレルの式　　211
⑪ 拡散移動の距離　　212
⑫ 電気化学でつかう非水溶媒の例　　213

1 電気化学系の姿

- 中学校や高校で習った電気分解の説明は，正しいのだろうか？
- 電極と電解液の境界は，どのような世界なのだろう？
- 電気化学系で，電解質イオンはどんな役目をするのか？
- 電極では何が電子をやりとりするのだろう？

1.1 半世紀の闇

　中学と高校で，電気化学に関係した話は"酸化還元""電池""電気分解"の単元にでてくる．このうち少なくとも電気分解（電解）をみると，もう半世紀以上，教科書の記述は完全にまちがっていた．まずは戦後すぐ，文部省（現・文部科学省）が著作兼発行者となった1947（昭和22）年の高校『化学』に

　　　"塩酸に電極をさし入れて電流を通すと，水素イオンはたちまち陰
　　　極に向かい，……陰極に達すると，そこで電氣を失って中性の水素
　　　原子となり，……直ちに……結合して，水素分子 H_2……を作る．
　　　……このようにして電流が通るにつれ，塩酸は分解されて水素と塩
　　　素となる．"

と書いてある．

　このイメージはやがて電気分解一般に通用すると思われたらしく，ほぼ同じ説明が以後50年以上も行われてきた．上記の本からちょうど半世紀たつ1997年度までにつかわれた教科書(1997年度で中学5冊, 高校14冊)の記述を平均すれば，おおむねこんな文章ができ上がる．

　　　"電解液に電流を通じると（または電圧をかけると），陽イオンは陰
　　　極に，陰イオンは陽極に引かれ，それぞれ電子授受して原子や分子
　　　になる．これを電気分解という．"

　恐ろしいことに，この"説明"は一から十までウソだった．

1.1 半世紀の闇

スズメ百までの諺どおり，子供心にしみついたイメージはおいそれとは落とせない（講義のたびに実感する）。中学高校の教科書がほとんど変わらずにきたのは，誤りに気づかないまま教師になった方々が次の教科書を書き……の悪循環が続いたせいだろう（筆者のひとりが発した異議申し立てがお上に届き，1998年度の『化学IB』から軌道修正も始まったが，2001年現在，正しい姿にはまだ遠い）。中等教育の教科書ばかりか，プロの物理化学者が書いた最新の専門書にさえその残り香はたいへん強い。

ありがたいことに，上の"説明"の誤りをとがめていけば，おのずから電気化学系の理解にたどり着く。それを本章でやっておこう。

さて，電気分解という現象の"説明"は，次のひとことに尽きる。

"ひとりでには進まない酸化還元反応を，電気エネルギーで進ませる。"

極言すると，その先を中学生や高校生に説く必要はあまりない。というより，

一世紀以上の闇？

電気分解の誤解は日本だけの話ではなかった。名高い *Oxford Dictionary of Chemistry* の最新版（1996年），電気分解（electrolysis）の項にこうある（イタリック体は引用者）。

electrolysis : The production of a chemical reaction by passing an electric current through an electrolyte. In electrolysis, positive ions migrate to the cathode and negative ions to the anode. ……At the anode, negative ions in solution *may* lose electrons to form neutral species. ……At the cathode, positive ions in solution *can* gain electrons to form neutral species.

"*may*"や"*can*"でぼかしてあって，"コレデイイノダ"と開きなおる余地もなくはないのだが，実地経験のない人が読めば，前頁にあげた"説明"の趣で受けとるにちがいない。歴史の長さを思うと，ヨーロッパの学者でも電気化学をあまり知らない人たちは，百年以上に及んで誤った説明をくり返してきたのだろうか？　もしそうなら，せいぜい50年の日本はまだ救われる？

あとでわかるように，すっきりと教えるのはそうとうにむずかしい．電極でどんな変化が起こるかは，中学高校のレベルを越えた各論なのだ（幸い，2002年度から実施される中学の学習指導要領では反応の話が削られた）．

電気分解の素顔を見るには，一つ簡単な実験をしてみればよい．"とにかく実験を"と督励する文部科学省がダメを出すはずもないのに，なぜかこの50年間，教科書にのったためしのない実験である．まずそれを紹介しよう．

1.2　事実を見よう：水の電解

本書で扱う系（系＝なにか機能をもつモノの集合体），つまり電極（電子伝導体）と電解液（イオン伝導体）をつなげた系を**電気化学系**とよぶ．電解液のかわりにイオン伝導性の固体をつかう系もある（9章参照）．

上記の"実験"とはこういうもの．いろいろな水試料に2本の白金電極を浸し，電圧を少しずつ上げていく．すると図1.1のような結果になる．

試料には，濃度 0.1 M ($M = mol\ L^{-1} = mol\ dm^{-3}$) の希硫酸と，水道水，2種類の純水をつかった．電極面積に比例して変わる電流そのものは素性が悪いため，縦軸は面積で割った電流密度（＝反応速度）にしてある．破線をつけた電流密度 $1\ mA\ cm^{-2}$ は，表面の $1\ cm^2$ から毎分ほぼ $0.01\ mL$ の水素がでる勢い（水の電解がかろうじて見える反応速度）にあたる．

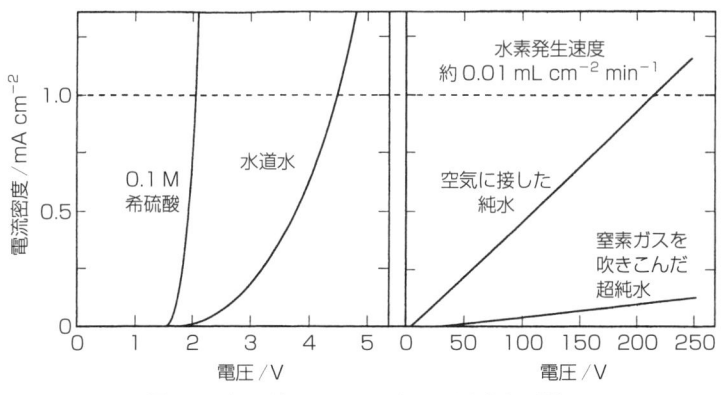

図 1.1　水を電解したときの電圧と電流密度の関係

1.2 事実を見よう：水の電解

$$2\,H_2O \longrightarrow 2\,H_2 + O_2 \qquad (1.1)$$

図 1.1 から，以下 4 点がくっきり読みとれるだろう．

① どんな水も水素と酸素に分解できる．中学高校の教科書が強調する"純水は電解できない，電気を通さない"は根も葉もなくて，少し余計に手がかかるだけの話にすぎない．

② 電流は 1.6 V 付近から立ち上がり，それ以下ではほとんど見えない（こまかくいうと，1.23 V 以下なら水は絶対に分解できない）．

③ 同じ電流密度 1 mA cm^{-2} を得るのに，希硫酸なら 2 V ですむところ，水道水は 4.5 V，空気のもとで二酸化炭素が溶けた純水（比抵抗 0.2 MΩ cm．比抵抗は p.123 で紹介）は約 200 V を要する．なお，窒素を吹きこんだ超純水（比抵抗 16 MΩ cm）だと，300 V かけても 0.2 mA cm^{-2} どまり．直線を延ばせば 2 000 V 近くで 1 mA cm^{-2} に届く気配はあっても，じつはその手前で別の現象（電気化学グロー放電．本書の枠外）が起こってしまう．

④ 図に描いた範囲で，電圧を上げていくと，希硫酸や水道水の電流は曲がるのに，純水の電流はほぼまっすぐ変わっている．これは

"いちばん遅い部分が目立つ"

という自然の摂理を映し出す．希硫酸と水道水の場合は電子授受（電圧の指数関数）がいちばん遅く，純水ではいわゆる電気泳動（電圧の一次関数）がいちばん遅い．くわしくは 4, 5 章に述べよう．

以上 4 点のうち，とりわけ大事な ② や ③ の雰囲気をつかむだけなら，高級な電源などいらない．希硫酸とか食塩水，水道水などに鉛筆の芯かステンレス線を刺して乾電池 1 個，2 個，3 個につなぎ，気体がでるかどうか見ればよい（できれば電流計の振れも見たい）．

水の電解にかぎらず，一般に電解反応（電気化学反応）は，電極と溶液の境界（電極界面）にできるいっぷう変わった世界を舞台にして進む．その姿は，実験の結果（図 1.1）が浮き彫りにしてくれる．

1.3 電極界面のワンダーランド

1.3.1 電圧が足りないとき：界面コンデンサーの充電

希硫酸に 1 V かけたとする．実験でわかったとおり，このとき直流電流はゼロだから，回路はどこかが切れている．まず，1 V の電圧(電位差)はどこへ行ったのだろう？ 電源の ⊕ 端子から ⊖ 端子まではこうつながっている．

$$⊕ \mid 導線 \mid 陽極 \parallel 電解液 \parallel 陰極 \mid 導線 \mid ⊖$$

電源オンの瞬間，電位差は ⊕ 端子から ⊖ 端子までまっすぐにかかる．そのあと，動ける電荷がたっぷりいる場所では，電荷が動いて電位差を消す．導線と電極（金属）は，超高速で動ける電子が $1\,\mathrm{cm}^3$ あたり 10^{22} 個（電子密度 $10^{22}\,\mathrm{cm}^{-3}$）もいるため，内部の電位差は一瞬でゼロとなる．かたや溶液は，電子よりずっと遅い（それが電気抵抗を生む）とはいえ動けるイオンを含み，0.1 M 希硫酸なら荷電粒子の密度が $10^{20}\,\mathrm{cm}^{-3}$ くらいある．だから溶液中の電位差もほぼゼロになり，1 V の電位差は電極と溶液の境界（2ヶ所の $\parallel$ 部分）にかかるしかない．$\parallel$ 部分は初歩電気学にいうコンデンサーで，左面には正電荷，右面には負電荷がたまる．つまり電圧 1 V で起こったのは，コンデンサーの充電だった．

溶液の電気抵抗を $R\,\Omega$（オーム），界面二つの静電容量の和を $C\,\mathrm{F}$（ファラド）として，二つが直列につながった回路を図 1.2 に描いた．

この回路に，電圧 V ボルトの電源をつなぐ．電流 I は，つないだ瞬間 V/R になったあと，時間 t とともに減っていく（図 1.2 の曲線）．

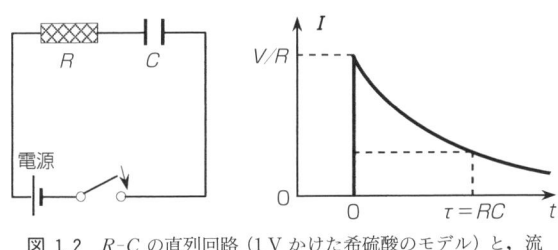

図 1.2 R-C の直列回路（1 V かけた希硫酸のモデル）と，流れる電流

$$I(t) = (V/R)e^{-t/RC} \tag{1.2}$$

では，図 1.2 の電流（充電電流）が流れたとき，いったい何が起こり，充電にはどれほどの時間がかかったのか？

最初に時間を眺めよう．式(1.2) の電流は，時刻 $t=RC$ で初期値の $1/e$（約 2.7 分の 1）に落ちる．この時間 RC を充電の時定数といい，文字 τ で表す．τ の 3 倍も時間がたてば，現象はほぼ終わったと考えてよい．

面積 $10\,\mathrm{cm^2}$ の白金電極を 2 枚つかい，極板間の距離が $10\,\mathrm{cm}$ のとき，$0.1\,\mathrm{M}$ 希硫酸の抵抗 R は約 $50\,\Omega$，電極界面の容量 C は約 $2\times10^{-4}\,\mathrm{F}$（$200\,\mu\mathrm{F}$）と実測されている．$\Omega$ と F の積は時間 s の次元をもつから，かけあわせて $\tau=0.01\,\mathrm{s}\,(10\,\mathrm{ms})$ となる．τ の 3 倍，$0.03\,\mathrm{s}$ で界面コンデンサーの充電（電流計の針がピクリと動くのがそれ）は終わり，電圧をかける前の静かな世界に戻る．

1.3.2 電気二重層の形成

次に，0.03 秒間で起こったのは，どんな現象なのだろう？ 上記の話でわかるとおり，電解質イオンの動きである．$0.1\,\mathrm{M}$ 希硫酸は，酸解離の平衡定数をつかって

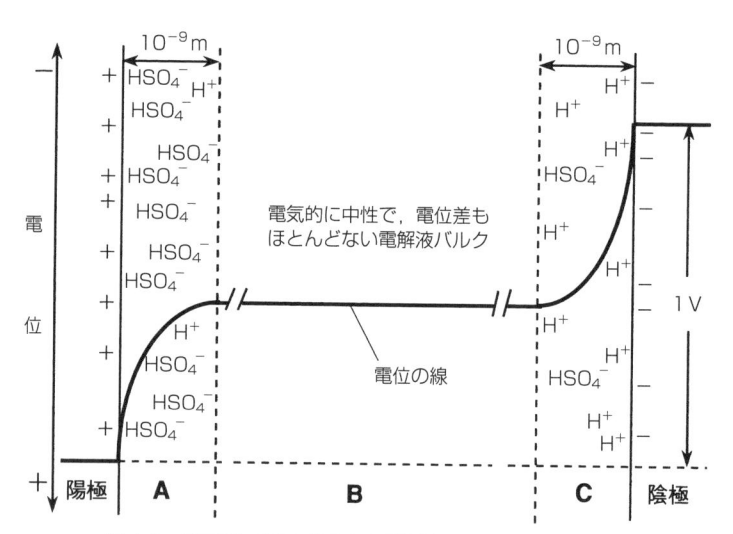

図 1.3 希硫酸に 1 V かけたとき電極界面にできる電気二重層 電極のそばは，横軸を極端に引き伸ばしてある．

はじくと，0.11 M の H^+，0.09 M の HSO_4^-，0.01 M の SO_4^{2-} を含む（付録③参照）．電圧を感じた陽イオン H^+ はごく一部が陰極のほうへ，陰イオンはごく一部が陽極のほうへ動いた．その結果，陰極のそばは陽イオンが少し過剰，陽極のそばは陰イオンが少し過剰になる．

いっぽう，界面から少しだけ離れた電解液の本体は，充電後でも正負の電荷がぴったり打ち消し合っているから，電圧をかける前の状況と変わりはない．

上下方向を電位の軸にして"0.03 秒後"の状況を描けば，図 1.3 になる．界面では，電極表面の電荷と，逆符号のイオンの電荷が同量ずつ対向している．このように，異符号の電荷層が向かいあった状態を**電気二重層**という．

1.3.3　電気化学系のエッセンス：電気二重層の姿

電気化学系のエッセンスは電気二重層にある．そのイメージをしっかりつかめば，電気化学の理解も一気に進む．図から読みとれること，読みとれないことを交じえ，肝心なポイントを以下に列挙しておく．おおかたの読者にはどれも驚き（ワンダー）いっぱいの話だろうと思う．

① 電気二重層はたいへん薄い（p. 130 参照）．0.1 M 希硫酸なら 1 nm（10^{-9} m = 10 Å）ほどだから，H_2O 分子三つ分くらいの厚みしかない．比較をもう一歩進めると，常温の水溶液中では水の分子も小型イオンも，熱運動（拡散）で 1 秒間に 1 nm の 10 万倍（0.1 mm）は動き回っている（p. 81 参照）．

② 1 nm は，溶液側の物質が電極と電子をらくらく授受できる距離にあたる．その 5 倍も離れると，電子授受はまず起こらない．

③ 1 nm 内外の距離に 1 V 近い電圧がかかれば，電界（電場）の強さは 1 cm あたり百万〜1 千万 V（10^6〜10^7 V cm^{-1}）にもなる．目には見えないにせよ，こうした強い電界の存在を思い浮かべよう．

④ ただし，界面にできた強い電界そのものが電気分解を進めるわけではない．大事なポイントは，電圧のかかりかたである．高校物理でも学んだように，電気エネルギー（単位 J）は，電位差 ΔE（V）と電荷量 Q（C）のかけ算で次のように表す．

$$\text{電気エネルギー} = \Delta E \times Q \tag{1.3}$$

1.3 電極界面のワンダーランド

この基礎式とポイント①〜③から，図 1.3 では

　　　"電子授受の進む肝心な場所だけに電気エネルギーが集まっている"

のがわかるだろう．それをしてくれたのは電解質イオンだった．イオンは，電界を感じて一瞬さっと動き，外から来た電気エネルギーを肝心な場所に集中させ，電気分解の舞台を整えてくれたことになる．

⑤　図 1.3 の領域 B（溶液バルク＝本体）には，電位勾配（電界）がほとんどない．電界がなければ，電荷をもつ粒子（イオン）は電気力を感じない．かりにイオンが目をもつとして，陽極の方角を眺めやっても，領域 A の負電荷に隠されて（しゃへいされて）陽極はまったく見えないのだ．電気二重層の厚みを大きめに 3 nm，電極面積を陽極・陰極とも 10 cm^2，電解液の体積を 100 mL とすれば，簡単な計算で電気二重層の総体積はほぼ 10^{-5} mL になる．これは溶液全体の 1 千万分の一だから，"電圧をかけた"だけのとき，

　　　"イオンの 99.99999%は，電極の存在など知らない"

といってよい（人数なら，知っているのは東京都の総人口中ひとりだけ）．ただし電解が勢いよく進むとイオンも電極（電界）を感じて，それが電流-電圧曲線（図 1.1）の形を決める（4, 5 章の話題）．

⑥　電気二重層のイオンは，電解液バルクに比べてどれほど"過剰"なのか？それは充電の電気量から見積もれる．高校物理で学ぶように，電荷 Q は，静電容量 C と電位差 V の積になる（式(1.2)の $I(t)$ を t で積分しても同じ）．ふつう，界面の C は 1 cm^2 あたりほぼ 10 μF（10 μF cm^{-2}）なので，$V=1$ V のとき $Q=10$ μC cm^{-2}．電極が白金の単結晶なら，Pt 原子それぞれが +1 に帯電したとすれば表面電荷密度は 200 μC cm^{-2} だから，10 μC cm^{-2} は，1 価イオンだと Pt 原子 20 個あたり 1 個（ほんのわずか過剰）でしかない．

したがって，陽イオンが陽極に反発されて近寄れないとか，陰極に強く引きつけられるとかいった状況はほとんどない．すなわち，

　　　"陽イオンは陽極にもらくらく近づける．"

もちろん，あらゆる陽イオン・陰イオン・中性分子は，陽極にも陰極にもらくらく近づける．

⑦　かけた電圧（図 1.3 なら 1 V）が領域 A と C にどう分配されるかは，はかれないし，計算もできない．陽極と陰極が同じ白金でも，そばにいるイオン

種は別だから，0.5 V ずつ等分ということにはならないし，時々刻々と変わっているかもしれない（この話は 3 章"基準電極"につながる）．

1.3.4 イオン濃度と電気二重層の厚み

図 1.3 で，電気二重層の厚みは約 1 nm（H_2O 分子 3 個分）だった．それは p.130 の式 (8.24) を 0.1 M 希硫酸にあてはめた結果だが，イオン濃度が下がると，その平方根に反比例して電気二重層が厚くなる．あらましを図 1.4 に描いた．

物質が電極と電子を授受できるのは表面からほぼ 2 nm（20 Å）以内だから，イオン濃度が低いと，電気エネルギー（電圧）の一部しか肝心な場所にかからない．そのため，水道水や純水の場合，"肝心な場所"の電圧を十分な値（気体が見える水電解なら 2 V 以上）にするには，希硫酸の場合よりも電圧を上げなければいけない．

とはいえ，ことはそう単純でもない．電気二重層が濃度の平方根に反比例して厚くなると"肝心な場所"にかかる電圧が同じ率で減るから，電流が立ち上がる電圧も，濃度の平方根に反比例するはず．イオン濃度は，希硫酸が約 10^{-1} M，超純水が 10^{-7} M と，6 桁（1 000 000 倍）の開きがある．すると超純水の電流が立ち上がる電圧は，希硫酸（約 1.6 V）の 1000 倍，1600 V になるはずのところ，ほぼ 30 V から立ち上がっていた．1.6 V の 20 倍ほどなので，理論から逆算すれば，電気二重層内にある超純水のイオン濃度は希硫酸の数百分の一，10^{-4} M くらいだということになってしまう．

見た目は意外でも，そういうことは起こりうる．電極の表面は，弱いながらも帯電している．その電荷が異符号のイオンを引き寄せるので，電極のそばは溶液

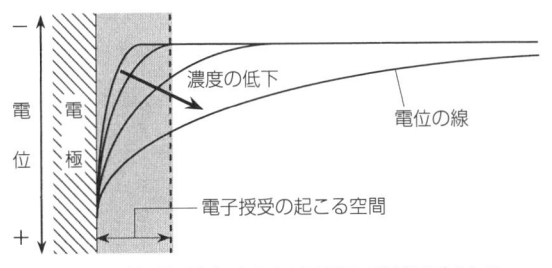

図 1.4　電解質の濃度が下がると電気二重層が厚くなる

電気二重層の織りなす世界

　二つの相（気体・液体・固体のうち二つ），または二つの物質が接した境界には，必ず電気二重層ができる．だから自然界は電気二重層だらけだといってよい．
　電解質を加えるとコロイドが沈殿するおなじみの現象も，高校ではそういうふうには説明しないけれど，電気二重層のたたずまいをもとに説明できる．自然界のできごとの一つに，河口で浮遊粒子が沈殿・堆積する現象がある．イオン強度（p.130 参照）でいえば，川の水は $10^{-4} \sim 10^{-3}$ M，海水は約 0.7 M と，1000 倍もちがう．川の中では表面の負電荷により反発しあって浮いていた粘土のコロイド粒子は，海に流れこんだとき陽イオンをどっと吸着し，表面にごく薄い電気二重層ができる．そうなると粒子どうしは，1.3.3項の ⑦ で説明したとおり，触れあうくらいまで近づかないかぎりお互いが"見えなく"なって，"見えた"瞬間ファンデルワールス力で合体し，沈殿してしまう．ちょうど，視界のきかない濃霧の中で船が衝突・沈没するようなものといえようか．

中よりもイオンに富む．事実，ラマン分光法という測定で，電極のそばと溶液ではpHが3くらい異なる（H^+ の濃度が1000倍ほどちがう）事実がわかっている．だから陰極付近の純水が $[H^+]=10^{-4}$ M の弱酸でもおかしくはない．
　そんな事情もあるため，図1.1で電流が立ち上がる電圧は，水の種類によって極端にはちがってこない．立ち上がったあとで顕著な差がでるおもな要因は，溶液中をイオンが通るときの電圧ロスである（4,5章参照）．

1.4　電気分解の進みかた

　復習もかねて，電気分解の進みかたをまとめよう．溶液はイオンをたっぷり含む電解液とするが，ほかに何か溶けていてもよい．まず両極に小さな電圧をかけ，そのあと，電解反応を起こすのに必要な値まで電圧を上げる．そのとき電気分解は図1.5 ① → ② → ③ のように進む．
　① 両極に小さな電圧をかければ，p.5で説明したように，イオンの瞬間移動

(界面コンデンサーの充電)が起き，0.01秒台だけ充電電流が流れる．その結果，電子授受の大事な舞台，電気二重層が生まれる．

② 電圧を上げていくと，どこかで電気エネルギーが十分な値にとどき，溶媒・溶質・電極自身のうち何かが陽極に電子を渡し，別の何かが陰極から電子をもらう．つまり電解が始まる(反応については次項で考える)．電解が始まれば，下の反応例(1.4)〜(1.7)を眺めてわかるように，陽極付近の溶液は正電荷がふえ(負電荷が減り)，陰極付近の溶液は負電荷がふえる(正電荷が減る).

(陽極反応の例) $\quad 2\,H_2O \longrightarrow O_2 + 4\,H^+ + 4\,e^-$ (1.4)

$\quad\quad\quad\quad\quad\quad\quad\quad 2\,Cl^- \longrightarrow Cl_2 + 2\,e^-$ (1.5)

(陰極反応の例) $\quad 2\,H_2O + 2\,e^- \longrightarrow H_2 + 2\,OH^-$ (1.6)

$\quad\quad\quad\quad\quad\quad\quad\quad Cu^{2+} + 2\,e^- \longrightarrow Cu$ (1.7)

さて，自然現象は次の原理（電気的中性の原理）に支配される．
　　"同じ符号の電荷は密集できない."

③ そこで再びイオンの出番になる．過剰の電荷をうち消そうとして，溶液中の陽イオンは陰極に向かい，陰イオンは陽極に向かう．これでようやく全体の回路がつながり，電流が流れだす(ただし，図1.5で水平に引いてある溶液バルクの電位線は，電流が大きくなると傾いてくる．p.61参照).
以上から，電気分解と電流の関係を文章にするとこうなる．
　　"電解反応が起こる（ほど大きな電圧をかけた）から，（生じた
　　余分な電荷を消そうとしてイオンが動き,）電流が流れる."
したがって，p.1の文章"電流を通じると……電気分解が起こる"は，そもそも因果関係が逆立ちしている．また，"電流を通じる"は"電気分解が起こる"と同じ意味だから，あの文章は"電気分解が起こると……電気分解が起こる"という同語反復，つまり何一つ説明していないのと同じになる．

1.2節の冒頭にも書いたとおり，金属電極は電子伝導体，電解液はイオン伝導体なので，電気の運び手がまったくちがう．電極の電子がそのまま溶液にでたりはしないため，電流は，電極と電解液の界面で電子がやりとりされてやっと流れる．そして，
　　"電子のやりとりは，必ず物質の変化を伴う."

1.4 電気分解の進みかた

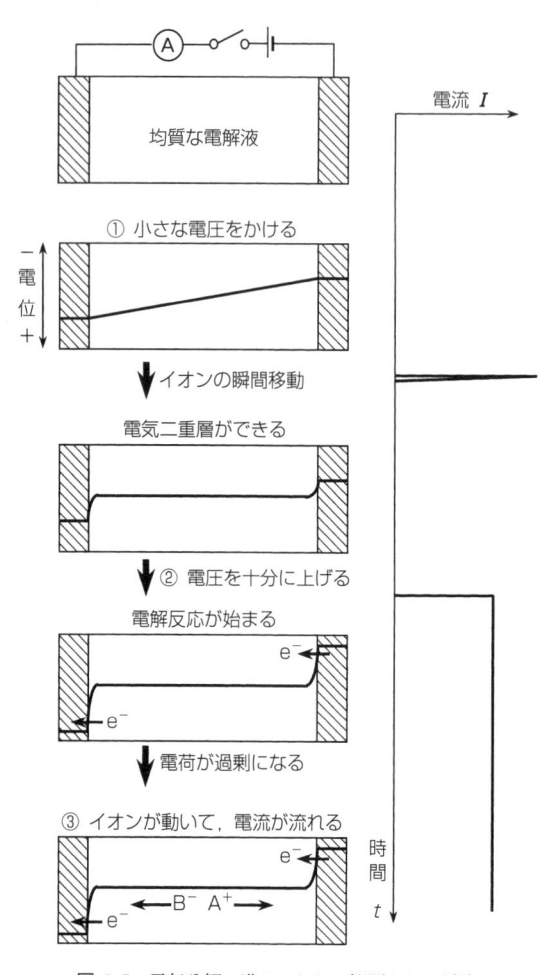

図 1.5 電気分解の進みかたと，観測される電流

　物質の変化こそ"電気分解"にほかならない．だから，水溶液にいきなり"電流を通じる"などという芸当はできないのだ．またもちろん，水溶液や純水が電流を"通す・通さない"といった表現も，サイエンスからだいぶ遠い．乾電池を1個つないだだけでは食塩水も電気を通さないのである．

　2002年度までは高校『化学IB』の素材だが，2003年以降は『化学II』に移るコロイドの話があって，そこに"電気泳動"がでてくる．電気泳動は，生化学でもタンパク質などの分離に多用する．

電気泳動については，電場をかけさえすればモノが動くと思っている人も多いようだが，それも大きな誤解の一つ．溶液やゲルに浸した2本の電極上でまず電解反応が起こり，それが行き場を用意してくれなければ，帯電したコロイド粒子もタンパク質分子も動きようはない（p.79 参照）．

1.5　反応物は何か？

図1.5の段階②では，溶媒・溶質・電極自身のうち，いちばん酸化されやすい物質が陽極に電子を渡し，いちばん還元されやすい物質が陰極から電子をもらう．反応物の説明はこれに尽き，あとはことごとく各論にすぎない．

1.5.1　170年前の亡霊

正確な数字は見当もつかないが，ボルタ電池（1800年）以来ゆうに200年の歴

電気"分解"の罪

電気分解は electrolysis の訳語だが，"分解"にまどわされてか，たとえば塩化銅水溶液の電解反応を "$CuCl_2$（塩化銅という物質）$\longrightarrow Cu + Cl_2$" と誤解している人が多い（たいへん残念なことに，著者のひとりが数年前から関係している中学理科の教科書も，先人がそんな記述を残している．2002年度版からは消えてしまう予定）．もちろん反応は $Cu^{2+} + 2\,Cl^- \longrightarrow Cu + Cl_2$ が正しい．$CuCl_2$ と "$Cu^{2+} + 2\,Cl^-$" は似て非なる物質（群）だ．食塩 NaCl と硝酸銅 $Cu(NO_3)_2$ を適当な濃度ずつ溶かした水溶液を電解してもまったく同じ反応が進むわけだから，"$CuCl_2$ の分解"ではありえない．

別に electrochemical reaction という用語はあるにせよ，electrolysis は "電気化学反応" か "電気化学変化" でよかったのではないか？　中学校からおなじみの "化学反応" や "化学変化" に "電気" をかぶせればすむ．それよりなにより，電気エネルギーを利用して物質をつくる "電解合成" という重要な分野に，電気"分解"はどうみてもなじまない．

史をもつ電気化学の分野で調べられてきた電解反応は，おそらく数万種類にのぼる．そのほとんど，たぶん 99％以上は，電荷をもたない分子の反応だ．なのに，少なくとも 1997 年度までの中学・高校教科書は，たいてい"イオンが反応する"トーンに色濃く染まっていた．

　上で見たようにイオンは，電解の進む舞台をつくり，電解反応の後始末をしてくれる大事な**脇役**ではあっても（そのため電解質はときに"支持電解質""支持塩"とよぶ），電解反応そのものと直接の関係はない．もちろん，**脇役がたまたま主役を兼ねる**場合も少しはあるし，その中には"陽イオンが陰極で，陰イオンが陽極で"反応する"珍奇なケース"もなくはない．塩化銅 $CuCl_2$ 水溶液や塩酸の電解がその例になる．だがしかし，

　　　　　"教科書は規範のはずである．"

　特殊も特殊，例外中の例外でしかない $CuCl_2$ 水溶液などは，もっとも不適切な素材だといわざるをえない．なのに大半の教科書は 50 年来，電気分解の導入素材に塩化銅水溶液をつかいたがる．社会の教科書に"どの国も 1 種類の言語だけ話す"と書いたら検定に通るはずもないけれど，電気分解を $CuCl_2$ 水溶液で一般化しようというのは，それ以上に始末が悪い．

　もう一つ妙な風習がある．『化学 IB』14 冊のうち 12 冊までが，こんな"法則"をのせているのだ．

　　　　　"電極で反応するイオンの物質量は，イオンの価数に反比例する．"

　上にも書いたとおり，"イオンが反応する"電解は，あらゆる電解反応のうちせいぜい 1％だから，それだけでこの言明は"法則"の資格を失う．おまけに，貴重な（？）イオン反応だけみても事実にまったく反することは，次のやさしい例を考えるだけで一目瞭然だろう（Mn^{2+} の酸化・還元でもよい．また，まったく同じ現象を表す p. 16 の式①と②も見比べていただきたい）．

　　　（Fe^{2+} の酸化．一電子反応）　　$Fe^{2+} \longrightarrow Fe^{3+} + e^-$　　　　　(1.8)

　　　（Fe^{2+} の還元．二電子反応）　　$Fe^{2+} + 2\,e^- \longrightarrow Fe$　　　　　(1.9)

　$CuCl_2$ 水溶液も，この妙な"法則"も，無機塩水溶液の電解（金属の電析と，気体の発生）しか知られていなかったファラデー時代の遺物にすぎない．電子の存在さえ誰も知らなかった 170 年前の話である．

"陽イオンが陰極で，陰イオンが陽極で……"の迷信も，反応(1.8)や，以下のありふれた例を思い浮かべれば忘れられる．なにしろ反応(1.8)も(1.10)も，高校の"酸化還元"単元でおなじみのはずだ．

(陽極で)　　　$Sn^{2+} \longrightarrow Sn^{4+} + 2\,e^-$ 　　　　　　　　　　(1.10)

(陰極で)　　　$Ag(CN)_2^- + e^- \longrightarrow Ag + 2\,CN^-$ （銀めっきの反応）　(1.11)

1.5.2　反応物を決める二つの要因

さて，上には"いちばん酸化されやすい物質が陽極に電子を渡し，いちばん還元されやすい物質が陰極から電子をもらう"と書いたけれど，これもそう単純な話ではない（中学高校で反応を教えたくない理由はここにもある）．

電極で何が反応するかは，次の二つの要因で決まる．

　① 物質固有の酸化・還元されやすさ
　② 物質の濃度

① は，いわゆる標準電極電位 $E°$ のことで，3 章の主要テーマとなるため，いまは説明を省く．

濃度（②）の大事さは，思いのほか認識されていない．電解も化学反応の一種だから，反応速度（電流密度）は反応物の濃度に比例する．どれほど電子授受しやすい物質も，濃度がうんと低ければ，おもな反応物にはなりえない．以下，そのあたりを具体例で眺めよう．

1.5.3　濃度の効果（Ⅰ）——水の電解反応

1997 年度までの高校『化学 IB』には，こんな記述が横行していた．

　　"希硫酸中では，水の電離 $H_2O \longrightarrow H^+ + OH^-$ によりいつも生じて
　　いる OH^- が陽極に電子を奪われ，酸素が発生する．"

図 1.1 を思い起こせば，気体が勢いよくでる水電解は，電流密度で $10\,mA\,cm^{-2}$ 以上にあたる．そのとき反応物の濃度がどれほど必要かは，百年前からわかっている．ほぼ $10^{-2}\,M$（0.01 M）以上で，そうとうに高い (p. 78 参照)．つまり，H^+ がおもな反応物になるのはおおむね pH<2 の酸性水溶液中，OH^- がおもな反応物になるのは pH>12 のアルカリ性水溶液中にかぎる．ほかの pH 条件なら，酸

"$4\,OH^- \longrightarrow O_2 + 2\,H_2O + 4\,e^-$" はわかりやすい？

先ごろ，ある高校の先生からこんなご意見を頂戴した．
"水を電解したときの酸素発生反応を $2H_2O \longrightarrow O_2 + 4H^+ + 4e^-$ のように書くと，生徒にはわかりにくい．それにひきかえ，$4\,OH^- \longrightarrow O_2 + 2H_2O + 4e^-$ と書けばよくわかってくれる．"

これにはほぼ次のようにお答えした．……私はそう思いません．まず，予備知識は何もなしに，OH^- が電子を失って酸素 O_2 になる反応をつくってみましょう．原子の数を見れば，反応物は2個の OH^- ですみます．外れた水素原子 H は，水溶液中では H^+ として存在するはず．あとは電荷の保存を考え，すなおに反応式を書けばこうなります．

$$2\,OH^- \longrightarrow O_2 + 2\,H^+ + 4\,e^- \qquad ①$$

もちろんこれは完璧な正解ですけれど（生徒がこう答えても×にしてはいけない），話はまだ終わっていません．OH^- が反応物になるのは強アルカリ性水溶液中なので，まわりに OH^- がたっぷりいます．そのため，反応①で生じた H^+ はただちに OH^- と結合して水になります．すなわち，式①の両辺に $2\,OH^-$ を足し，右辺で中和反応 $2\,H^+ + 2\,OH^- \longrightarrow 2\,H_2O$ を起こさせて，ようやく次の反応が完成するわけです．

$$4\,OH^- \longrightarrow O_2 + 2\,H_2O + 4\,e^- \qquad ②$$

つまり，式②の左辺にいる4個の OH^- のうち，2個はたしかに酸化されてはいても，残る2個は酸（H^+）を中和しただけなのです．

これほどに複雑な物語を，生徒はほんとうに "よくわかってくれる" のでしょうか？ すなおな生徒なら，式①を答えるのではないでしょうか？

それにひきかえ $2\,H_2O \longrightarrow O_2 + 4\,H^+ + 4\,e^-$ は，反応物 H_2O と生成物 O_2 をもとに，原子と電荷の保存を考えるだけでたちまち書けるから，圧倒的にやさしいと思います．いかがでしょうか……．

素発生も水素発生も，反応物は水分子 H_2O になる．

$$\text{(酸素発生)} \quad 2H_2O \longrightarrow O_2 + 4H^+ + 4e^- \quad (1.12)$$
$$\text{(水素発生)} \quad 2H_2O + 2e^- \longrightarrow H_2 + 2OH^- \quad (1.13)$$

希硫酸中の OH^- も水酸化ナトリウム水溶液中の H^+ も，濃度は 10^{-13} M レベルだから，とうてい反応物にはなりえない．

いうまでもなく上記の迷信は，もっと高位の由緒正しい（？）迷信，"電極ではイオンが反応する"にその根をもつ．170年前の亡霊にはもうこのへんでお引きとり願おう．

1.5.4 濃度の効果（2）——食塩水の電解

食塩水を電解すると陽極から塩素が発生……は，たぶん中学生も知っているし，大学入試にもよくでる．けれども塩素が発生するのは，NaCl の濃度がそこそこ高い水溶液にかぎった現象である．また，電圧が大きければ，どんな食塩水でも陽極の気体には必ず酸素が（微量のオゾン O_3 も）混じってくる．NaCl の濃度が 0.001 M あたりまで下がると，電圧が 3 V 程度でも，陽極からでる気体は酸素が主体になる．そのため，濃度を大まかにせよ指定しない入試問題は，欠陥問題だといわざるをえない．

この件については一つ感心した経験がある．ある先生から紹介いただいたアメリカの高校化学教科書にこうあった．

> When a *moderately concentrated* aqueous solution of NaCl is electrolyzed using inert electrodes, chlorine gas forms at the anode and hydrogen gas forms at the cathode.

つまり，"ほどほどに濃い水溶液を不活性電極で電解すれば……"と，肝心な条件が明記してある．電気化学を知っている人の書いた本なのだろう．

食塩水の電解反応には，もっと込み入った事情がある．3章で説明する標準電極電位 $E°$（酸化・還元されやすさの指標）だけで考えれば，中性あたりの pH 条件だと，塩化物イオン Cl^- よりも水 H_2O のほうがはるかに酸化されやすいはずなのだ．しかし実際にやってみると，ふつうは塩素がでてくる．謎を解くカギは，"過電圧"というものが握っている．

電解反応は，反応物の吸着に始まり，電子授受，中間体（原子・イオン種）の表面拡散，結合の切断，新しい結合の形成，生成物の脱離などが複雑にからみあって進み，段階それぞれに活性化エネルギーがある．電極反応でエネルギーの山を越すには，電圧を食うしかない．したがって，中間段階のどれかが進みにくければ，それを進めるのに余分な電圧が必要になる．この余分な電圧が"過電圧"にほかならない（くわしくは4章参照）．

塩化物イオン Cl^- が塩素 Cl_2 になる変化に比べ，2分子の H_2O が酸素 O_2 になる変化は桁ちがいに複雑である．O_2 分子は，O－H 結合が切れ，できた酸素原子 O が表面を拡散し，隣りに来た仲間と O＝O 結合をつくってやっと生まれる．こうした中間段階のどれかが大きな活性化エネルギーを必要とするため，酸素発生は進みにくく，塩素のほうが先にでてしまう．

1.6 まとめ

電気分解（そして電気化学現象一般）を考えるときは，いつも次の2点に心したい．

① 反応は"電気→化学エネルギー変換"によって進み，電圧が一定値より小さければ電解も起こらない．

② イオンはめったに主役（反応物）にはならないが大事な脇役を務め，電極と電解液の界面に図1.3のような電気二重層をつくってくれる．

以上を利用したデバイスの一つが，さまざまな電子機器につかわれている電気二重層コンデンサーである．

エネルギーだとか電気二重層だとか，そんなものは"化学"らしくない，"物理"ではないか……という声も聞こえてきそうだが，少なくとも電気化学は"物理化学"の一領域だから，基礎には物理学がある．といっても，高校物理で習う初歩の電気学でよい．単純な式(1.2)と(1.3)をわきまえているだけで，話の見晴らしもぐっとよくなる．

次の章では，物質のもつエネルギーについて考えよう．

演習問題

1.1 図 1.1 について，電流密度が 1 mA cm^{-2} のとき水素の発生速度が約 0.01 mL cm^{-2} min^{-1} になるのを確かめてみよ．

1.2 銅（原子量 63.5，密度 8.94 g cm^{-3}）の電子密度は，0.1 M 希硫酸（イオン組成は p.7 参照）の電荷密度の何倍になるか．銅は Cu 原子 1 個が自由電子 1 個を生むとし，希硫酸中の電荷は陽イオンと陰イオンの合計を考える．

(640 倍)

1.3 2, 3 章の話を先どりして，p.4 に書いた "1.23 V 以下なら水は電解できない" ことを確かめておこう．最低所要電圧は，反応(1.1)のエネルギー変化(酸素 1 mol あたり 474 260 J．p.37 参照)と式(1.3)から計算できる．酸素 1 mol につき電子 4 mol が動く事実と，ファラデー定数 $F = 96\,485$ C mol^{-1} をつかって，実際に計算してみよ．

1.4 電解液の抵抗が 20 Ω，界面の静電容量が 50 μF のとき，電気二重層の充電が進む時定数はいくらか．

(1 ms)

1.5 電極表面の帯電量の小ささを計算で実感しておこう．本文の 1.3.3 項 ⑥ では，電圧 1 V をかけたとき，電極表面の電荷密度を 10 μC cm^{-2} と見積もった．同じ電気化学系を 3 V の電圧で電解し，10 mA cm^{-2} の電流を 3 秒間だけ流したとき，電極表面と接した溶液中に生まれる電荷は μC cm^{-2} 単位でいくらになるか．またそれは，電極表面のもつ電荷密度の何倍か．電気二重層の静電容量 C は一定と考えてよい．

(30 000 μC cm^{-2}, 1 000 倍)

2 物質のエネルギーと平衡

- エネルギーはどのように表現するのだろう？
- 化学変化で出入りするエネルギーは，どこから生まれるのか？
- 物質（系）のもつエネルギーをぴたりと表す量は何だろう？
- 化学平衡とはどんな現象なのか？

2.1 化学変化をみる視点

水素の燃焼は次のように書ける．
$$2\,H_2 + O_2 \longrightarrow 2\,H_2O$$
こうした化学反応について語るとき，大事な視点が三つある．

A　反応はなぜその向きに進むのか？
B　反応はどんな速さで進むのか？
C　反応はどのように進むのか？

Aは**平衡論**の視点で，明快な答えがほぼ百年前からある．

Bは**速度論**の視点．ここからは各論になり，反応速度の実測はできても"なぜその速さになるか"の説明はまだむずかしい．

Cを**反応論**という．これこそまだ闇の中で，ごく単純に見える水素発生反応
$$2\,H^+ + 2\,e^- \longrightarrow H_2$$
さえ真の姿はわかっていない．

電気化学反応もA・B・Cに切り分けると見晴らしがよくなる．Aは本章と3章で扱い，Bは4〜6章，Cの一側面は7章で紹介しよう．

平衡論は熱力学に基礎をもつが，本書では熱力学に深入りはせず，3章の内容をつかむのに必要十分な骨子だけ本章で述べる．具体的には，物質の安定さ・不安定さをきちんと表す量（標準生成ギブズエネルギー$\Delta_f G°$）があるという事実を了解したうえ，$\Delta_f G°$の意味と扱いかたを身につけていただけばよい．

2.2 エネルギーとその表現

1章でも何度かつかった"エネルギー"の要点を復習しておく．

2.2.1 エネルギーと安定・不安定

まず，万事は**エネルギーが高いほど不安定**，と心得よう．物体も物質も，なるべくエネルギーを捨てて安定になろうとする．リンゴが木から落ちるのも，亜鉛が塩酸にふれて溶けるのも，安定化をめざす営みにほかならない．

2.2.2 単　位

エネルギーの単位にはJ（ジュール）をつかう．力学エネルギーと電気エネルギーは，それぞれ式(2.1)，(2.2)の表現をもつ．

$$\text{エネルギー (J)} = \text{力 (N)} \times \text{距離 (m)} \tag{2.1}$$
$$= \text{電位差 (V)} \times \text{電荷量 (C)} \tag{2.2}$$

1Jは，102gの質量を1m引き上げるエネルギー（仕事）に等しい．また1 cal = 4.184 Jの関係より，水239 gの温度を1 K上げる熱エネルギーが1 kJになる．

2.2.3 電位差と電位

地面の高さを"海抜〇〇メートル"と表すように，どこか基準点を決めれば，ある場所の**電位**が定まる．以下，電位をE（単位V）で表す．電位Eの場所にいるQ Cの電荷は，次の電気エネルギーεをもつ（定数の値は，基準点をどこにとるかで変わるが，**電位差**にすれば消えてしまう）．

$$\varepsilon = EQ + \text{定数} \tag{2.3}$$

電子1 molの電荷を**ファラデー定数**といい，Fで表す．電荷素量$q = 1.6022 \times 10^{-19}$ Cにアボガドロ定数$N_A = 6.022 \times 10^{23}$ mol^{-1}をかけて$F = 96\,485$ C mol^{-1}となり，概数でよいときは96 500 C mol^{-1}をつかう．

負電荷をもつ電子は，電位が負な場所ほど居心地が悪く，正な場所ほど居心地がよい．つまり電子移動の自然な向きは"負電位→正電位"になる．そのため，下方を正にした電位軸をつかって描くと，自然な向きは物体の落下と同じイメー

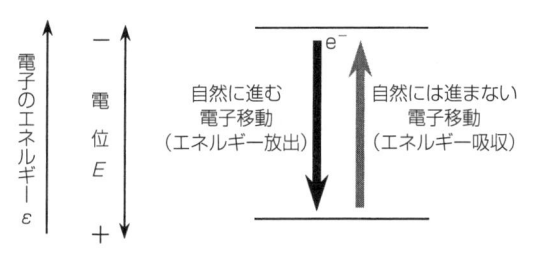

図 2.1 電子移動の向きと電位・電子エネルギーの関係

ジになってわかりやすい（図 2.1）．

2.2.4 電子ボルト（eV）という単位

エネルギーは，電子や光子（11 章）などの粒子 1 個あたりで考えてもよい．その際"電子 1 個が電位差 1 V を昇降するときに出入りするエネルギー"を単位とすれば，数値がたいへん単純になる．その単位を電子ボルト（electron-volt）といい，eV で表す．電荷素量の値から，eV と J は次式で結びつく．

$$1\,\mathrm{eV} = 1.6022 \times 10^{-19}\,\mathrm{J} \tag{2.4}$$

eV は，粒子（particle）1 個の量，つまり eV (particle)$^{-1}$ だといつも心しよう．mol あたりのエネルギーに換算するときは次式をつかう．

$$1\,\mathrm{eV\,(particle)^{-1}} = F\,\mathrm{C\,mol^{-1}} \times 1\,\mathrm{V} = 96\,485\,\mathrm{J\,mol^{-1}} \tag{2.5}$$

電気化学の世界は電子エネルギー変化が 0～6 eV の範囲に納まり（3 章参照），光化学変化はふつうエネルギー 1～5 eV の光子が起こす（11 章参照）．

2.3 化学変化とエネルギー

2.3.1 エンタルピー変化＝反応熱

25 ℃（＝298.15 K）・1 atm（**標準状態**）で水素と酸素が液体の水 1 mol になるとき，285.83 kJ の発熱が起こる（以下では，とくに断らないかぎり，反応はすべて標準状態で起こるものとする）．

$$\mathrm{H_2(g)} + (1/2)\mathrm{O_2(g)} \longrightarrow \mathrm{H_2O(l)} \tag{2.6}$$

この反応は，H－H 結合 1 mol と O＝O 結合 0.5 mol を切ったあと，ばらばらの

原子集団から O−H 結合 2 mol をつくる変化とみてよい．結合を切るにはエネルギーを消費し，つくるときはエネルギーが放出される．反応(2.6)は，放出分のほうが大きいので発熱する．なお化学式に（ ）で添える記号は，g＝気体，l＝液体，s＝固体，aq＝薄い水溶液の溶質，を表す（自明なら略してよい）．

このような，結合の組み替えが生むエネルギー変化，いわば**物質そのものがもつエネルギーの変化**を，エンタルピー変化（反応熱）という．粒子どうしが引き合う力も物質の安定化（エネルギー低下）に効くため，溶解や蒸発などの物理変化もエンタルピー変化を伴う．

標準状態のエンタルピー変化を $\Delta H°$ と書き，反応(2.6)を次のように表す．

$$H_2 + (1/2)O_2 \longrightarrow H_2O(l) \qquad \Delta H° = -285.83 \text{ kJ} \qquad (2.7)$$

記号 Δ は，**生成系**（行き先）**の値から原系**（出発点）**の値を引く**ことを示し，エネルギー値は係数 1 の物質 1 mol あたりで表す（本書では，高校の表記"$H_2 + \frac{1}{2}O_2 = H_2O + 285.83 \text{ kJ}$"はつかわない）．また，$H$ の右肩につけた記号「°」は，すべての物質が活量＝1 の基準状態（p. 31 参照）にあることを意味する．

2.3.2 エントロピー変化

物質系はエネルギーを減らしたいから，変化は $\Delta H° < 0$（発熱）の向きに進みやすい．ところが，水の蒸発や塩の溶解は，吸熱なのに進む．つまり変化の向きを決める要因は，物質そのもののエネルギー以外にもある．

第二の要因は，**粒子の集合状態**といえる．集合状態の乱雑さは，エントロピー（記号 S）という量で表せる．自然は乱雑化を好むため，自然現象は $\Delta S > 0$ の向きに進みやすい．エントロピーは $J K^{-1}$（mol あたり $J \text{ mol}^{-1} K^{-1}$）という単位をもち，絶対温度 T をかけて TS にすればエネルギーと同じ J 単位になる．

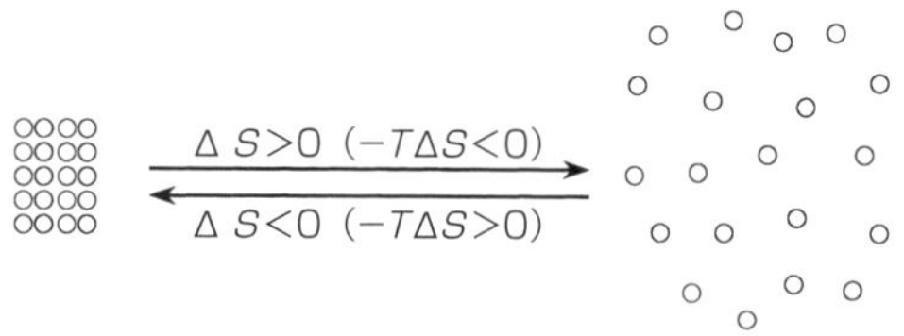

図 2.2 エントロピー増減のイメージ

2.3.3 ギブズエネルギー変化

そうすると変化は，$\Delta H°$ と $\Delta S°$ を互いに逆符号で組み合わせた $\Delta H° - T\Delta S°$ という量が減る向きに進むだろう．この量をギブズエネルギー（またはギブズ自由エネルギー）変化とよび，$\Delta G°$ で表す．

$$\Delta G° = \Delta H° - T\Delta S° \tag{2.8}$$

2.3.4 反応が右に進むための条件

$\Delta H°<0$（発熱）かつ $\Delta S°>0$（乱雑化）のときは文句なく $\Delta G°<0$ だから，変化は右向きに進む．ほかの場合は次のようになる．

① $\Delta H°<0$，$\Delta S°<0$ のとき　　エントロピーの減少幅が小さくて $|\Delta H°|>|T\Delta S°|$ なら，$\Delta G°<0$ となるため右に進む．

② $\Delta H°>0$（吸熱）のとき　　$\Delta S°>0$，かつ乱雑化の度合いが大きくて $\Delta H°<T\Delta S°$ なら，$\Delta G°<0$ となるため右に進む．

反応(2.7)は，①の例になる．$\Delta S°<0$（$-163.3\,\mathrm{J\,mol^{-1}\,K^{-1}}$）だからエントロピー面は不利でも，$-T\Delta S°$ をはるかにしのぐエンタルピー減少があって，$\Delta G° = -237.13\,\mathrm{kJ}$ の右向き反応になる．

反応(2.7)では，広い空間にいた気体 1.5 mol（36 750 mL）が水 1 mol の体積（18 mL）に押しこめられるので，$\Delta S°<0$（秩序の増大）となる．**秩序を増すにはエネルギーをつかう**．$-T\Delta S°$ がそのエネルギーにほかならない．

こうして，結合の組み替えが生むエネルギー（$-\Delta H°$）から，集合状態の調整に必要なエネルギー（$-T\Delta S°$）を引いた分（$-\Delta G°$）が系外にでてくる．$-\Delta G°$ は，電気・光・力学エネルギーなどと直接換算でき，仕事につかえるため，**化学変化からとり出せる最大仕事**という．

以上をもとに，反応(2.7)のエネルギー事情を描けば図 2.3 になる．

上記②の例として，硝酸アンモニウムの溶解を眺めよう（図 2.4）．高校の反応熱だけ考えると吸熱（$\Delta H°>0$）になるが（図(a)），この"強引に進ませる"イメージは，どうみても"自発変化"にそぐわない．

溶解は，せまい空間（結晶内）から広い空間（液体中）に粒子が散る現象で，大きなエントロピー増加（いまの例は $\Delta S° = +108\,\mathrm{J\,mol^{-1}\,K^{-1}}$）を伴うため，ギ

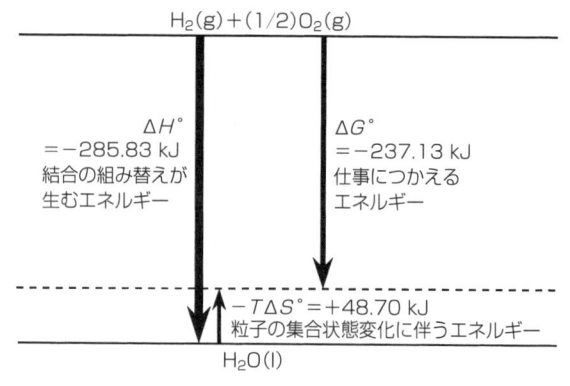

図 2.3　反応 $H_2 + (1/2)O_2 \longrightarrow H_2O$ のエネルギー関係

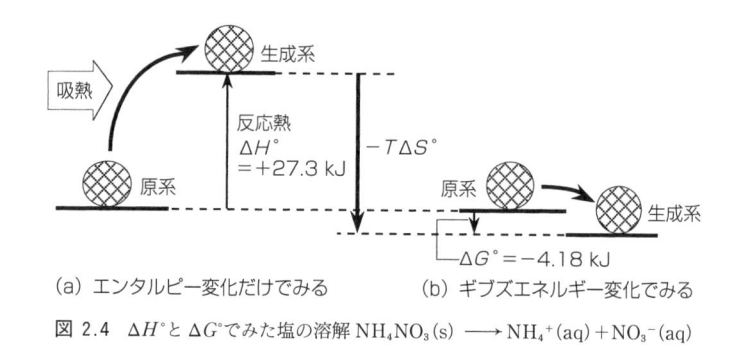

図 2.4　$\Delta H°$ と $\Delta G°$ でみた塩の溶解 $NH_4NO_3(s) \longrightarrow NH_4^+(aq) + NO_3^-(aq)$

ブズエネルギーが減る（図2.4(b)）．図(b)のイメージなら違和感もない．

2.4　標準生成ギブズエネルギー

　いままでは，反応の $\Delta G°$（$\Delta H°$ と $\Delta S°$）がわかっているとした．じつは反応の $\Delta G°$ 値は，物質それぞれの相対的な"安定・不安定さ"を表す量をもとにして決める．その量を**標準生成ギブズエネルギー**といい，記号 $\Delta_f G°$ で表す（$\Delta G_f°$ をつかう本もある．f は formation＝生成）．

　$\Delta_f G°$ 値の決めかたは**化合物とイオン**で異なるため，べつべつに説明しよう．

2.4.1 化合物

標準状態でもっとも安定な単体(H_2, C, N_2, O_2, F_2, Na, Mg, Fe, Zn……, 元素の数だけある)から**化合物 1 mol をつくるのに必要な仕事**を,その化合物の $\Delta_f G°$ と定義する.たとえば図 2.3 で分析した反応

$$H_2(g) + (1/2)O_2(g) \longrightarrow H_2O(l)$$

の $\Delta G° = -237.13\,\mathrm{kJ}$ は,$H_2O(l)$ の $\Delta_f G°$ に等しい.

基準にする単体の $\Delta_f G°$ は 0 とみなす.原料の単体群より安定な化合物なら $\Delta_f G° < 0$,不安定な化合物なら $\Delta_f G° > 0$ となる.つまり $\Delta_f G°$ は,**物質がどれだけ不安定か**(変化しやすいか)**を語る量**だといってよい.

$\Delta_f G°$ は,化合物の標準生成エンタルピー(生成熱)$\Delta_f H°$ と標準生成エントロピー $\Delta_f S°$ から,$\Delta_f H° - T\Delta_f S° = \Delta_f G°$ の関係をつかって求める.$\Delta_f H°$ や $\Delta_f S°$ の測定と計算法については熱力学の教科書にゆずりたい.

2.4.2 水溶液中のイオン

1 種類のイオンだけ含む溶液はつくれないから,イオンの $\Delta_f G°$ は必ず相対値になる(KCl と NaCl の熱力学データから K^+ と Na^+ の $\Delta_f G°$ 差は計算できても,各イオンの $\Delta_f G°$ はわからない).そのため物理化学では,**水溶液中の水素イオン H^+ の $\Delta_f G°$ を 0 と約束し**,ほかのイオンの $\Delta_f G°$ は相対値で表す.

2.4.3 反応の向きの判定

以上のように決めた標準生成ギブズエネルギー $\Delta_f G°$ を,いくつかの物質について付録④ にまとめ,一部を図 2.5 に示した.反応が自然に進む向きは $\Delta_f G°$ 値をもとにして判定できる.

たとえば 25 °C で Cl_2, NO_2^-, H_2O, Cl^-, NO_3^-, H^+ がすべて基準状態(p. 31)にあるとき次の反応はどちら向きに進むのだろう?

$$Cl_2(g) + NO_2^- + H_2O(l) = 2\,Cl^- + NO_3^- + 2\,H^+ \qquad (2.9)$$

まず,$\Delta_f G°$ に係数をかけて両辺それぞれの和をつくる.次に,右辺(生成系)の総和から左辺(原系)の総和を引けば,それが反応のギブズエネルギー変化 $\Delta_r G°$($\Delta G_r°$ とも書く.r は reaction = 反応)になる.$\Delta_r G° < 0$ なら反応は右に進

28   2.4 標準生成ギブズエネルギー

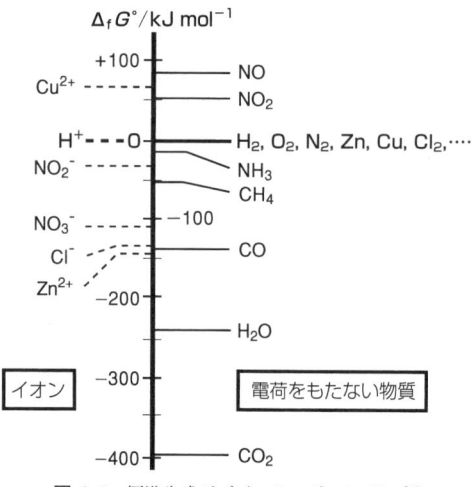

```
Δ_f G°/kJ mol⁻¹
        +100 ─── NO
Cu²⁺ ─────    ─── NO₂
  H⁺ ─── 0    ─── H₂, O₂, N₂, Zn, Cu, Cl₂, ……
                ─── NH₃
NO₂⁻ ─────    ─── CH₄
NO₃⁻ ─── −100
 Cl⁻ ─────    ─── CO
Zn²⁺ ─── −200
              ─── H₂O
      −300
[イオン]        [電荷をもたない物質]
      −400 ─── CO₂
```

図 2.5　標準生成ギブズエネルギー $\Delta_f G°$ の例

み，$|\Delta_r G°|$ が大きいほどその勢いは強い．

$Cl_2(g)$ と H^+ は定義より $\Delta_f G°=0$ だが，ほかの物質の $\Delta_f G°$ 値を付録④ からとって和をつくれば，左辺が $-269.33\,kJ$，右辺が $-371.2\,kJ$ となり，差し引き $\Delta_r G°=-101.9\,kJ$ だから反応は右向きに進む．

2.4.4　$\Delta_f G°$ の有用性

1桁の濃度変化でギブズエネルギーは $5.7\,kJ$ しか動かないため（演習問題2.7），$|\Delta_r G°|$ が適当に大きいとき，反応の向きは，よほど特殊な濃度条件でないかぎり，$\Delta_f G°$ からつくった $\Delta_r G°$ をもとに判定できる．たとえば $2NO_2 \longrightarrow N_2 + 2O_2$（大気汚染をなくす反応）や $Zn + Cu^{2+} \longrightarrow Zn^{2+} + Cu$（銅-亜鉛電池の反応）の矢印は，図2.5を一見しただけで書ける．

酸化還元反応の場合，電解に必要な最小電圧も，電池の示す最大起電力も，$\Delta_f G°$ から計算できる（すでに1章でそれをした．演習問題1.3に"エネルギー"と書いたのは $\Delta_r G°$ のこと）．ただしこの話は改めて3章に述べよう．

$\Delta_f G°$ はそれほどに重要だから，『化学便覧 基礎編 改訂4版（丸善，1993年）』も，概数で（$H_2O(g)$ と $H_2O(l)$ など，状態が別なら別の物質とみて）無機化合物750種，有機化合物430種，イオン180種のデータをのせている．

化学エネルギー用語の略史

エネルギーenergy はギリシャ語の $ενεργεια$（エネルゲイア）を語源にもつ．$εν$-（英 en-）は"内部に"を表す接頭語で，$εργεια$ は $εργον$（エルゴン＝仕事）に通じるから，energy は"仕事をする能力"となる．手元の英和辞書によると，energy という単語は 1581 年に生まれた（世に広まったのは，トムソン＝のちケルビン卿＝が論文でつかった 1851 年以降）．

エンタルピーenthalpy はギリシャ語 $θαλπειν$（タルペイン＝温める）に en- をつけた"温める能力"で，誕生は 1927 年だという．

また 1865 年にクラウジウスがつかい始めたエントロピーentropy（独 Entropie）は，やはり en- をギリシャ語 $τροπος$（トロポス・変化・回転）につけた"変化する能力"という意味の言葉（大気圏のうちで気象変化が起こる場所，対流圏 troposphere も同源）．

エンタルピー（熱）とエントロピー（変化）の合体ででき，化学変化の真の駆動力を表すギブズエネルギー（1876 年，ギブズ）は，歴史がまだ百年余りしかない．

同じ単体でも Zn と H_2 は安定性（反応性）が明らかにちがうし，H_2 と H^+ のエネルギーが同じはずもないので，これらすべての $\Delta_f G°$ を 0 とするのはなんとなく落ちつかない．たとえばボルタ電池の反応

$$2 H^+ + Zn \longrightarrow H_2 + Zn^{2+} \qquad \Delta_r G° = -147.06 \text{ kJ}$$

では，たった 1 個の物質 Zn^{2+} の標準生成ギブズエネルギー $\Delta_f G° = -147.06$ kJ mol^{-1} が反応の $\Delta_r G°$ 値を決める．とはいえ $\Delta_f G°$ は合理的な基準をもとにした量だから，反応エネルギーの計算に矛盾を生むことはない．

2.5 化学ポテンシャルと平衡

いままでは，"変化"とはいっても，"変化する前の状況"しか考えていなかった．変化が進めば，原系の物質は減り，生成系の物質はふえる．なにごともぎっ

ATP 分子は ADP 分子よりエネルギーが高い？

　動物は，デンプンなど高エネルギー有機物質を食物としてとりこみ，それを酸化してエネルギーをえる（呼吸）．このエネルギーは，燃焼のように一気に出したりはせず，呼吸と同期して合成する ATP（アデノシン三リン酸）分子に蓄える．必要な場所に運んだ ATP を ADP（アデノシン二リン酸）に加水分解し，そのときのギブズエネルギー変化をさまざまな生命活動につかう．

アデノシン三リン酸

$$\text{ATP} + \text{H}_2\text{O} \longrightarrow \text{ADP} + \text{H}_3\text{PO}_4 \quad \Delta_r G° = -31\,\text{kJ} \quad ①$$

　式 ① は一見，ATP 分子のエネルギーが ADP 分子より高そうな印象を与えるが，はたしてどうだろう？　データがないため，ATP の $\Delta_f G°$ を x，ADP の $\Delta_f G°$ を y としよう．H_2O の $\Delta_f G°$ はおよそ $-237\,\text{kJ mol}^{-1}$，リン酸 H_3PO_4 の $\Delta_f G°$ は $-1119\,\text{kJ mol}^{-1}$ だから，上記の $\Delta_r G°$ 値とあわせて $y - x = 851\,\text{kJ}$ となり，意外にも ADP 分子は ATP 分子よりエネルギーがずっと高い．

　つまり，加水分解 ① は次のように解釈できよう．**低エネルギーの ATP 分子**から切り離されて自由になったリン酸分子が水中に飛びこみ，そのとき大量のギブズエネルギーが放出される．その大半は**高エネルギーの ADP 分子**をつくるのに消費されてしまい，ほんの一部だけ（31 kJ）が外部仕事につかわれる．

しり集まっているほどパワーが強いため，原系のパワーはしだいに弱まり，生成系のパワー（変化を逆行させる力）が増して，どこかでつりあう．
　物質（系）のパワーを**活量**といい，英語 activity の頭文字 a で表す．以下，活量をもとにして化学平衡を考えよう．

2.5.1　活　量

　化学変化は必ず混合物の中で起こる．物質の活量とは本来，**混合物中でその物質が占める粒子数の割合（モル分率．単位のない 0〜1 の数）**をいう．しかしこれではなにかと不便だから，物理化学では次のように約束する．

気　体	モル分率の**代用**に分圧 p（単位 atm）をつかい，基準状態を 1 atm の理想気体とする．
溶　質	モル分率の**代用**に質量モル濃度 m（単位 mol kg^{-1}）をつかうが，希薄溶液なら体積モル濃度 c（M＝mol L^{-1}）でよい（本書はこちらを採用）．基準状態は 1 M の溶液とする．
溶　媒	**本来の定義に従い**，希薄溶液の溶媒は $a=1$ とみる．
固　体	**本来の定義に従い**，純粋な固体は $a=1$ とみる（p. 33 も参照）．
電　子	金属中の電子は $a=1$ とみる．

大切なポイントを補足しておこう．

① まず，気体・溶質と，溶媒・固体では，活量の表しかたがまったくちがう．たとえば希薄水溶液中の平衡を扱うとき，"溶媒の水は濃度が 55.5 M で……"とやるのはまちがっている．黙って $a=1$ とすればよい．とにかく，モル分率を用いるのが物理化学の正式な作法であり，濃度や分圧は便宜上やむなくつかうものだと心得よう．

② 本来の活量は無次元なのに，気体の分圧 p や溶質の濃度 c は単位をもつ．単位を消すには，p は $p_0=1$ atm で，c は $c_0=1$ M で割る（p. 51 参照）．

③ 基準にする気体の 1 atm も溶質の 1 M も，現実の分圧や濃度ではなく，**粒子間に相互作用がない仮想の状況**をいう．とくに溶質の 1 M は超高濃度だから，現実の 1 M 溶液だと思ってはいけない．

2.5.2 化学ポテンシャル

活量 a をもつ物質 1 mol のギブズエネルギーを**化学ポテンシャル**といい，μ で表す．μ は，$a=1$ のときの値を $\mu°$ として次式に書ける（付録⑤参照）．

$$\mu = \mu° + RT \ln a \tag{2.10}$$

$\mu°$ と $\Delta_f G°$ は双子のようなもので，ちがいは $\Delta_f G°$ が相対値，$\mu°$ が絶対値だというところ．絶対値とはいえ不定の定数部分をもつが，物質どうしの差をとれば定数は消えるため，$\mu°$ 差は $\Delta_f G°$ 差に等しい．

2.5.3 つりあいの条件

平衡を表す英語 equilibrium は，equal に通じる接頭語 equi- と libra (秤) をつ

なげてできた．すなわち，つりあったてんびんの姿をいう．化学変化だと，つりあうのは両辺のギブズエネルギーなので，平衡の条件は次のように書ける．

原系のギブズエネルギー ＝ 生成系のギブズエネルギー (2.11)

これを次の反応にあてはめよう．

$$p\mathrm{P}+q\mathrm{Q}+\cdots\cdots \text{ (原系)} \rightleftarrows x\mathrm{X}+y\mathrm{Y}+\cdots\cdots \text{ (生成系)} \quad (2.12)$$

物質の化学ポテンシャルを $\mu_\mathrm{P}=\mu_\mathrm{P}°+RT\ln a_\mathrm{P}$ などと書いて条件(2.11) をあてはめ，式(2.12) の平衡定数を K とした **"質量作用の法則"**

$$K=\frac{a_\mathrm{X}{}^x \cdot a_\mathrm{Y}{}^y \cdots\cdots}{a_\mathrm{P}{}^p \cdot a_\mathrm{Q}{}^q \cdots\cdots} \quad (2.13)$$

をつかって整理すれば，次の姿にまとまる（付録⑥）．

$$\Delta_\mathrm{r}G°=-RT\ln K \quad (2.14)$$

式(2.14)は**化学平衡の基本式**となる．まず，定性的な側面を眺めておこう．式(2.8) つまり $\Delta_\mathrm{r}G°=\Delta_\mathrm{r}H°-T\Delta_\mathrm{r}S°$ を式(2.14) に入れてでる関係

$$\ln K=-\Delta_\mathrm{r}H°/RT+\Delta_\mathrm{r}S°/R$$

$$\text{または } K=e^{-\Delta_\mathrm{r}H°/RT}\,e^{\Delta_\mathrm{r}S°/R}$$

は，$\Delta_\mathrm{r}H°$ と $\Delta_\mathrm{r}S°$ が一定として（せまい温度範囲ならそう仮定してよい），次のことを表す（ルシャトリエの法則）．

$\Delta_\mathrm{r}H°<0$ （発熱反応）の場合

　　T の上昇で K が減少，すなわち平衡は吸熱の向きに動く．

$\Delta_\mathrm{r}H°>0$ （吸熱反応）の場合

　　T の上昇で K が増大，すなわち平衡は発熱の向きに動く．

2.5.4　$\Delta G°$ 値と平衡のかたより

$\Delta_\mathrm{r}G°<0$ なら変化は右向き，$\Delta_\mathrm{r}G°>0$ なら左向きでも，右や左に行ききってしまうわけではない．$\Delta_\mathrm{r}G°$ の絶対値が小さければ，少し進んだところで平衡状態になる．そのあたりを少し定量的につかんでおこう．話を簡単にするため，変化としてA $\rightleftarrows$ B の単純反応（異性化など）と塩の溶解だけを眺める．

① 単純反応 A $\rightleftarrows$ B

$\Delta_\mathrm{r}G°=0$ なら，式(2.14)より $K=1$ だから，A と B の活量（濃度，圧力）比が1：1のとき平衡になる．

A か B が99.9%以上を占めたら"ほぼ完全にかたよった"とみよう．すると

質量作用？の法則

なれは恐ろしいもので無意識につかってしまうが，字づらをよくよく眺めると"いったい何？"と思いたくなる用語（ほとんどは翻訳語）が多い．まず"物質"には高邁な哲学の香りがする．また，文部省『学術用語集』が不思議な英語 simple substance をあてている"単体"（これは国産品）も，意図した意味が初心者にすんなり伝わる用語とは思えない．"原子量""分子量"も素直にやれば"……重"だろう．すっかり定着していた"周期律表"を，間の抜けた"周期表"に改作したのは誰なのか？

だがなんといっても"質量作用の法則"は許しがたい．誰の作かは知らないが"質量"はまぎれもない誤訳だし，百年近くも大手を振ってまかり通ってきた事実には寒気さえ覚える．むりやり術語の姿にせず，"化学平衡と濃度の関係"でよかったのではないか？ そのほか，"塩化物イオン"は日本語の語法を無視した訳語だし，なぜか高校化学で定番になっている"物質量""価標""電子式""融解塩"といった用語も研究者はまずつかわない．H_3O^+を"オキソニウムイオン"とよぶのは，とんでもない誤用である．よく似たご意見を坪村 宏先生が日本化学会の『化学と教育』誌 1999 年 11 月号に述べておられる．

$K>10^3$ または $K<10^{-3}$ なので，$|\Delta_rG°|>17$ kJ のときにそうなる．

② 塩の溶解 $AB(s) \rightleftarrows A^+(aq)+B^-(aq)$

固体 $AB(s)$ の活量は 1 としてよい．イオンの活量をモル濃度 $[A^+]$，$[B^-]$ で代用すれば，溶解平衡の平衡定数 K は次のように書ける．

$$K = [A^+][B^-] \qquad (2.15)$$

固体の活量 a を 1 とみてよい理由は，固体が"量の多少に関係なく，溶けきらないかぎり完璧なイオン（または分子）供給能力をもつ"からである．

式(2.15) より，$\Delta_rG°=0$ ($K=1$) は $[A^+]=[B^-]=1$ M にあたる．つまり，おおむね 1 M 以上溶けるなら $\Delta_rG°<0$，1 M 以下なら $\Delta_rG°>0$ といえる．

付録④の $\Delta_fG°$ 値から，食塩 NaCl では溶解のギブズエネルギー変化が $\Delta_rG°=-8.99$ kJ となる．式(2.14) より，気体定数 $R=8.314$ J mol^{-1} K^{-1} と温度 $T=298.15$ K をつかって $K=37.6$ M^2，$[Na^+]=[Cl^-]=6.13$ M と計算され，

溶解度の実測値 6.14 M にぴたりとあう．

難溶性の塩では，式 (2.15) の平衡定数 K をとくに**溶解度積**といい，英語 solubility product の頭文字を添えて K_{sp} と書く．たとえば AgBr の場合，$\Delta_f G°$ データから $\Delta_r G° = +70.05$ kJ となり，$K_{sp} = 5.34 \times 10^{-13}$ M², $[Ag^+] = [Br^-] = 7.31 \times 10^{-7}$ M が得られる（実測値 7.2×10^{-7} M）．溶解度積については 3 章（p. 46）でまたとり上げる．

2.6 まとめ

標準生成ギブズエネルギー $\Delta_f G°$ の値には，物質の安定さ・不安定さが凝縮されている．『化学便覧』などを開き，$\Delta_f G°$ データをつかった簡単な計算をするだけで，平衡論にかかわることがら（化学変化の向きと勢い，平衡定数，溶解度など）を定量化できる．物理化学の精神をつかむためには，ともかく実際に手を動かそう．

この章で扱った平衡は，空間の同じ地点ですべての役者が出合って起こる平衡だった．次章では，役者のひとり（電子）だけが異空間に閉じこめられた状況下で成り立つ平衡を考える．

演習問題

2.1 3.0 C の電荷を +1.0 V の電位から −1.5 V の電位へ移すのに必要なエネルギーは何 J か．

(7.5 J)

2.2 2.5 eV を kJ mol⁻¹ 単位に換算せよ．

(241 kJ mol⁻¹)

2.3 高校化学にでてくる熱化学方程式 $CH_4 + 2 O_2 = CO_2 + 2 H_2O + 891$ kJ を式 (2.7) の姿に書き直せばどうなるか．

2.4 NaOH の水への溶解については，$\Delta H° = -44.5$ kJ mol⁻¹, $\Delta G° = -39.6$ kJ mol⁻¹ という値が知られる．25 ℃ における溶解の標準エントロピー変化 $\Delta S°$ を J mol⁻¹ K⁻¹ 単位で求めよ．

(−16.4 J mol⁻¹ K⁻¹)

2.5 図 2.5 だけをもとに，自発的に進む反応をいくつかつくってみよ．

2.6 物質それぞれの活量をすべて 1 として，$\Delta_f G°$ データ（付録④）より，25 ℃ で次の

反応が自然に進む向きを判定せよ．
  (1) $CO_2(g) + H_2 = CO + H_2O(g)$
  (2) $2\,Ag + 2\,Cl^- + Cu^{2+} = 2\,AgCl + Cu$
  (3) $2\,Pb + CO_3^{2-} + 6\,H^+ = 2\,Pb^{2+} + HCHO(aq) + 2\,H_2O$

2.7 物質の活量（濃度）が1桁変わると，25℃で化学ポテンシャル（ギブズエネルギー）は5.7 kJだけ変わることを確かめよ．

2.8 私たちは食物を酸化する呼吸によって一日に約10 000 kJのエネルギーを利用する．呼吸をグルコース（ブドウ糖）$C_6H_{12}O_6$の完全酸化
$$C_6H_{12}O_6 + 6\,O_2 \longrightarrow 6\,CO_2 + 6\,H_2O$$
とみなし，グルコースだけをエネルギー源にするとすれば，一日に必要なグルコースは何gか（グルコースの$\Delta_f G°$は付録④参照）．

(625 g)

2.9 25℃で異性化反応 A $\rightleftarrows$ B が平衡に達したとき，モル比 A : B をはかったところ3 : 1だった．右向き反応の$\Delta_r G°$を求めよ．

($+2.72$ kJ mol^{-1})

2.10 図2.4の$\Delta G°$値から，硝酸アンモニウム NH_4NO_3の飽和濃度を計算せよ．

(2.32 M)

2.11 付録④の$\Delta_f G°$データより，以下にあげた塩の溶解度積K_{sp}と飽和濃度Sを計算せよ．
  (1) $PbSO_4$　(2) CuI　(3) Ag_2S　(4) $Ca(OH)_2$

((1) 1.82×10^{-8} M², 1.35×10^{-4} M
(2) 1.27×10^{-12} M², 1.13×10^{-6} M
(3) 6.68×10^{-50} M³, 2.56×10^{-17} M
(4) 4.67×10^{-6} M³, 1.05×10^{-2} M)

3 標準電極電位

- 物質の電子授受しやすさは，どんな量で表せるだろう？
- 標準電極電位はどのように決めた量で，どう役に立つのか？
- 実測の電位は，標準電極電位と比べてどうちがうのか？
- 溶質の濃度が変わったとき，電位はなぜ，どのように変わるのか？

3.1 電位の世界へ

2章の主役だった標準生成ギブズエネルギー$\Delta_f G°$は，物質の電子授受能もぴたりと語ってくれる．

3.1.1 $\Delta G°$から電位差へ

1章でもみたように，希硫酸を電解すれば水が分解される．

$$2\,H_2O \longrightarrow 2\,H_2 + O_2 \tag{3.1}$$

H_2O の $\Delta_f G°$ 値（$-237.13\,\text{kJ mol}^{-1}$）をもとにすると，これは酸素1 mol につき $\Delta_r G° = +474.26\,\text{kJ}$ の上り坂（up-hill）反応で，次のように分解できる．

カソード反応（還元）：$4\,H^+ + 4\,e^- \longrightarrow 2\,H_2$ \hfill (3.2)

アノード反応（酸化）：$2\,H_2O \longrightarrow O_2 + 4\,H^+ + 4\,e^-$ \hfill (3.3)

酸素1 mol あたり電子4 mol（電荷はファラデー定数 F の4倍）が動く．また $\Delta_r G°$ は電気エネルギーと直接換算できるから，電解に必要な電圧（電位差）を ΔE として式(2.2)に入れれば

$$474\,260 = \Delta E \times 4 \times 96\,485$$

となり，$\Delta E = 1.2288\cdots \fallingdotseq 1.23\,\text{V}$ がでる（演習問題1.3で計算ずみ）．

また，銅-亜鉛電池（通称ダニエル電池）の反応

$$Zn + Cu^{2+} \longrightarrow Zn^{2+} + Cu$$

は，イオンの $\Delta_f G°$ 値をあてはめると，亜鉛1 mol につき $\Delta_r G° = -212.55\,\text{kJ}$ の下

り坂（down-hill）変化だとわかり，上と同様な計算で起電力が約1.10 V になる．

3.1.2 電位差から電位へ

同じ体積の水なら，同量の熱エネルギーを与えたとき，4℃の冷水が14℃に，40℃の温水が50℃になる．上記の電位差はこの熱エネルギーに似た量だが，水のエネルギー価値（解かせる氷の質量など）は，4℃，14℃，40℃，50℃で明確にちがう．電子授受反応で"温度"にあたるのが電位である．

3.2 標準電極電位 $E°$

3.2.1 電位の原点

反応(3.3)の進む電位は反応(3.2)よりも正で，両者には1.23 V の開きがある．そこまでは自明だけれど，さらにおのおのの電位を決めておきたい．電位が決まれば，どのような物質（系）が電子を出しやすいか，受けとりやすいかを，簡単な数字で表せるだろう．

電位には，温度や海抜と同様，わかりやすい原点がほしい．そのとき自然な流れとして，水素イオン H^+ と水素 H_2 の電子授受平衡が頭に浮かぶ．

$$2\,H^+ + 2\,e^- \rightleftarrows H_2 \qquad (3.4)$$

H^+ と H_2 はともに $\Delta_f G° = 0$ で，$\Delta_f G$ は電気エネルギーと同格の量だった．また式(3.4) は**平衡反応だから，両辺のエネルギーが等しい**はず．式(3.4) の電子 e^- がいる場所の電位が（適当な基準点からはかって）$E°$ なら，式(2.3) により，2 mol の電子は $-2\,FE°$ という電気エネルギーをもつ．物質の $\Delta_f G°$ を $\Delta_f G°(H^+)$ などと表せば，つりあいの条件は次式に書ける．

$$2\,\Delta_f G°(H^+) - 2\,FE° = \Delta_f G°(H_2) \qquad (3.5)$$

$\Delta_f G°(H^+) = \Delta_f G°(H_2) = 0$ なので，$E° = 0$ V となる．つまり，式(3.4) の平衡を成り立たせる電子の電位は，素性のよい原点になる．このような考察をもとに決めた電子授受平衡の電位を，物質の**標準電極電位**(標準酸化還元電位，標準レドックス電位，標準単極電位) という．

計算例を一つあげておこう．次の平衡

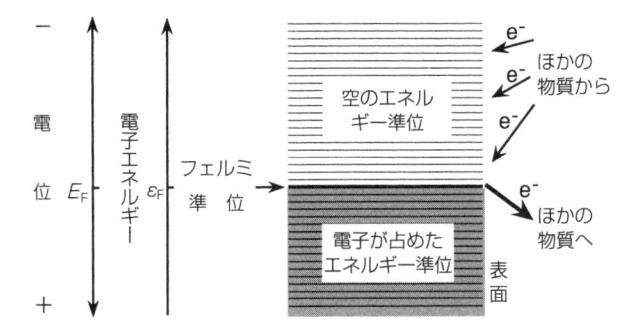

図 3.1 電子のエネルギー状態を示すモデル
フェルミ準位より下につまっている電子は,電子授受に関与できない.

$$Fe^{3+} + e^- \rightleftarrows Fe^{2+} \tag{3.6}$$

をもたらす電子 e^- の電位を $E°(Fe^{3+}/Fe^{2+})$ と書けば,式(3.5)と同類の

$$\Delta_f G°(Fe^{3+}) - FE°(Fe^{3+}/Fe^{2+}) = \Delta_f G°(Fe^{2+}) \tag{3.7}$$

が成り立つ. $\Delta_f G°$ 値(Fe^{3+}:-4.7 kJ mol^{-1},Fe^{2+}:-78.90 kJ mol^{-1}.有効数字の桁数は測定精度のせい)を代入して,$E°(Fe^{3+}/Fe^{2+}) = +0.77$ V を得る.

この Fe^{3+} と Fe^{2+} のような組を**酸化還元**(レドックス)**対**,電子を受けとる物質(Fe^{3+})を**酸化体**,電子を出す物質(Fe^{2+})を**還元体**という.

式(3.4)と(3.6)の電子は,同じ記号 e^- で書かれてはいても,エネルギーがちがう.電子授受平衡式をいくつか並べて眺めるときは,**電子それぞれがエネルギー面でまったく別物**だということに注意しよう(p.48 も参照).

なお,式(3.2)や(3.3)のような電子授受は,矢印(→,←)をつけた化学反応ふうに書いても,等号(=)や平衡記号(⇄)で書いても,あるいは化学式の係数を何倍にしても,**電位の値は変わらない**.

3.2.2 電極界面でみる $E°$ のイメージ

式(3.2)〜(3.4),(3.6)の電子 e^- は,溶液中ではなく電極内にいる.電極は金属だとして,表面で起こる電子授受平衡のイメージをみよう.

a.金属電極と電子エネルギー

金属はふつう,図3.1のような電子エネルギー状態をもつ.ぎっしり並んだエネルギー準位は,ある高さまで電子が占め,そこより上は空いている.その境い目,

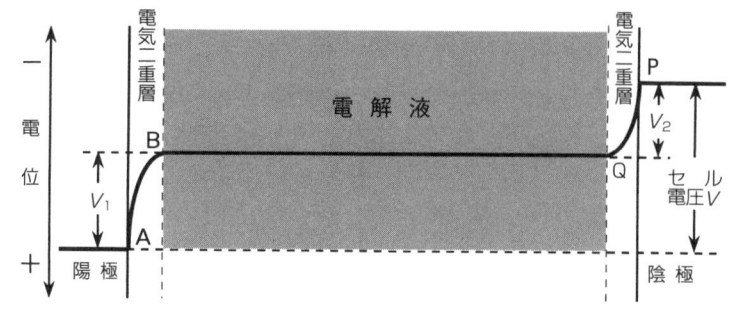

図 3.2 電気化学セル内にできる電位プロフィル
　　　極板間が 10 cm なら，電気二重層の厚みは，約一千万分の 1 に縮めて原寸に近い．

いちばん活性な電子の入った準位を**フェルミ準位**といい，記号 ε_F（エネルギー）か E_F（電位）で表す．

外からの電子は，ε_F（E_F）より上の準位ならどこでも入れる．いっぽう，ほかの物質へ移れるのは ε_F（E_F）近くの電子だけで，それより下の電子は動けない．すると，式(3.4) や (3.6) の電子は，E_F という電位で授受されることになる．

1 章でみたとおり，電解液にかけた電圧（セル電圧）は，界面の電気二重層に押しつけられる．図 3.2 のように電圧をかけたとき，左手の陽極で進む電子授受を調べたいとしよう．それには，電解液に対して陽極がもつ電位，いいかえると A～B の電位プロフィル（電位線の道筋）をきちんと制御したい．

セル電圧 V は $V_1 + V_2$ だとわかっているが，V が V_1 と V_2 に**どう分配されているかを知る手だてはない**．また，電圧配分が時間で変わる可能性もある．だから，電極 2 本にただ電圧をかけても，電位を制御したことにはならない．

そのため実際の計測には，基準電極というものが必須になる．

b．基準電極

図 3.2 で，セル電圧を変えたとき，P～Q の電位プロフィルが（電位差の絶対値も向きもわからないにせよ）**ほとんど変わらない**という保証があれば，電圧はほぼ A～B 間だけで変わってくれる．つまり，セル電圧の値で A～B の電位プロフィルを制御できる．そうした性質をもつ電極（電解液側も含め電極系．図 3.2 の例だと陰極）を，**基準電極**（reference electrode．参照電極，照合電極）といい，記号 R で表す．

3 標準電極電位　　41

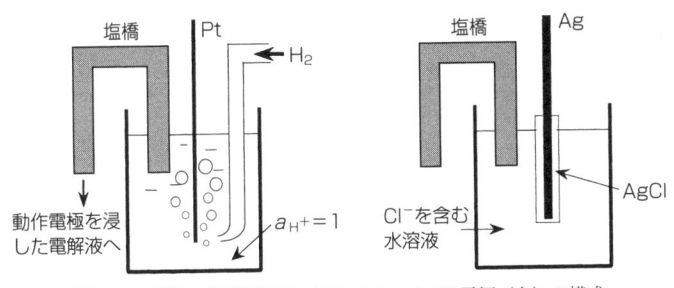

図 3.3　標準水素電極 SHE（左）と Ag-AgCl 電極（右）の構成

　調べたい電子授受が進むほうの電極を**動作電極**（working electrode）とよび，記号 W で表す．W-R 間の電圧を変えたとき，電圧変化は実質的に W 側の電気二重層内だけで起こる．

c．基準電極の素性

　電界（電場）を感じて電荷がさっと動く空間では，かかった電界はうち消される．自由電子がたっぷりいる金属の内部も，また 1 章でみたようにイオンが溶けた電解液も，そんな性質の空間だった．

　電極と電解液の界面に外から電圧 Δv がかかったとき，電極と電気二重層の間で電子と物質の交換が速やかに進めば Δv は打ち消される．これが，基準電極にふさわしい電極系の性質にほかならない．

d．いろいろな基準電極

　●**標準水素電極**　3.2.1 項では，熱力学の考察をもとに，平衡

$$2\,H^+ + 2\,e^- \rightleftarrows H_2 \tag{3.4}$$

を成り立たせる e^- の電位が原点にふさわしいと知った．平衡(3.4)の成り立つ電極系がつくれれば，理論と現実がうまくつながる．幸い，理想に近い電極系はつくれて，それを**標準水素電極**（SHE=standard hydrogen electrode）という．

　具体的には，pH=0.00 の水溶液に白金線を浸し，1 atm の水素 H_2 を吹きこむ（図 3.3）．白金の表面で進む平衡反応（3.4）が両向きとも速いから，界面の電位差があまり変動しない．

　電流密度を下げるため，白金表面に白金黒（p. 125 参照）をつけて表面積を数千倍にふやす．塩橋は，KCl などを含む寒天をガラス管やビニル管に入れたもの

で，物質の混合を防ぎつつイオン電流を流す．

SHE は熱力学の確立期に主役を演じたため，いまも電位の基準にするが，水素ボンベの常備が面倒だから現実にはほとんどつかわない．

電極の電位が SHE に対して +1.23 V のとき，次のように書き表す．

$$+1.23 \text{ V } vs.\text{ SHE } (vs. \text{ は } versus \text{ の略}) \tag{3.8}$$

●**銀-塩化銀（Ag-AgCl）電極**　KCl 水溶液中で銀線を電解酸化すれば表面に AgCl の薄い層ができる．Cl^- を含む水溶液にこの銀線を浸したものを銀-塩化銀電極という（図 3.3）．界面では電子と 3 物質のからむ反応

$$AgCl + e^- \rightleftarrows Ag + Cl^- \tag{3.9}$$

が速やかに進んで，よい基準電極になる．昨今，電気化学計測や pH メーターには，ほとんどの場合 Ag-AgCl 電極をつかう．

$[Cl^-] = 1.00$ M のものを標準とするが，正確な濃度を保つのはむずかしいから，ふつうは飽和 KCl 水溶液に Ag/AgCl 線を浸す．Ag-AgCl 電極の電位を標準水素電極 SHE に対してはかると次のようになる．

$+0.222$ V $vs.$ SHE　　（$[Cl^-] = 1.00$ M のとき）

$+0.199$ V $vs.$ SHE　　（飽和 KCl 水溶液中）

●**カロメル電極**　水銀に塩化水銀（I）をのせ，それを KCl 水溶液と接触させた電極系で，カロメル（calomel．和名甘汞（かんこう））は Hg_2Cl_2 の慣用名．銀-塩化銀電極と同じく，これも 3 物質の関与した平衡反応

$$Hg_2Cl_2 + 2e^- \rightleftarrows 2Hg + 2Cl^- \tag{3.10}$$

が両向きとも速やかに進む．SHE に対する電位は次のとおり．

$+0.268$ V $vs.$ SHE　　（$[Cl^-] = 1.00$ M のとき）

$+0.241$ V $vs.$ SHE　　（飽和 KCl 水溶液中）

飽和 KCl 水溶液を用いる飽和カロメル電極（SCE = saturated calomel electrode）は長らく電気化学で常用された．水銀が環境を汚すので最近はつかわないが，本や論文には電位を SCE 基準で表したものも多いので紹介した．

以上三つの基準電極は，図 3.4 に示した電位の相互関係をもつ（界面の電位プロフィルの形そのものに意味はない）．銀-塩化銀電極ではかった電位を SHE 基準に換算するようなとき，図 3.4 の関係をつかう．

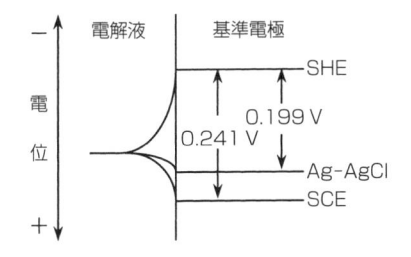

図 3.4 3種の基準電極：SHE，Ag-AgCl(Cl^- 飽和)，SCE の電位相関

SCE や Ag-AgCl 電極は，有機溶媒中の電気化学測定でも基準電極につかえる．ただしこのとき，その溶媒と（基準電極系の）水溶液ではイオンの溶媒和エネルギーがちがうため，液体間の電位差（液間電位差）を補正しなければいけない．そのほか，銀イオン Ag^+ を 0.01～0.1 M の濃度で含む有機溶媒に浸した銀線なども，有機溶媒用の基準電極になる．

3.2.3　$E°$ 値の素性

4頁ほど測定の話をはさんだせいで，$E°$ 値が"実測の電位"に思えたかもしれない．しかし $E°$ はあくまでも熱力学データ $\Delta_f G°$ からの計算値で，次のような素性をもつ．

$E°$ は，平衡反応式（たとえば $NO_3^- + 4H^+ + 3e^- = NO(g) + 2H_2O$）に書かれた物質すべての活量（p.30 参照）が1のときの値をいう．活量の代用に濃度・分圧をつかえば，$[NO_3^-] = [H^+] = 1 M$，$p_{NO} = 1 atm$ のときである．ただしこれは**現実の濃度・分圧ではなく，粒子間にいっさい相互作用がない仮想の状態**をさす．現実の溶液をつくると，たとえば酸の陰イオンを何にするかで粒子間の相互作用は変わり，電位の値も動くから，実測の電位を標準にはできない（$E°$ と実測電位の関係は3.3節で考える）．

3.2.4　$E°$ データが語ること

$E°$ は理想値でもたいへん役に立つため，『化学便覧』も約 400 の値をのせている（一部を付録⑦に収録した）．$E°$ の語ることをいくつか紹介しよう（同じことは $\Delta_f G°$ をつかってもできるが，$\Delta_f G°$ に立ち戻らなくてもよい，というのがミソになる）．

以下，d. 項を除いて，電子授受平衡式に書かれた物質はどれも活量が1とする．活量が1でないときは，ネルンストの式（p.49）で補正する．

a．物質の電子授受能

　$E°$ が負で絶対値の大きい酸化還元対ほど（筆頭が Li^+/Li 系．$E° = -3.045$ V $vs.$ SHE），還元体（Li）は酸化されやすく（電子を放出しやすく），酸化体（Li^+）は還元されにくい（電子を受けとりにくい）．

　$E°$ が正で大きい酸化還元対ほど（筆頭が F_2/HF 系．$E° = +3.053$ V $vs.$ SHE），還元体（HF）は酸化されにくく，酸化体（F_2）は還元されやすい．

　なお，ほとんどの酸化還元対は，この二つの間に $E°$ 値をもつ．つまり電気化学の世界はせいぜい6Vのスパンに納まっている．

b．化学変化の自然な向き

　付録⑦から抜き出した二つの電気化学平衡

$$5\,Fe(CN)_6^{3-} + 5\,e^- = 5\,Fe(CN)_6^{4-} \qquad E° = +0.36\text{ V }vs.\text{ SHE}$$
$$MnO_4^- + 8\,H^+ + 5\,e^- = Mn^{2+} + 4\,H_2O \qquad E° = +1.51\text{ V }vs.\text{ SHE}$$

を考えよう（電子の数を両式でそろえた）．電子は低い電位から高い電位に流れるため，$Fe(CN)_6^{4-}$ が電子を出し，それを MnO_4^- が受けとる形の酸化還元反応が進む．反応式は，

$$5\,Fe(CN)_6^{4-} \longrightarrow 5\,Fe(CN)_6^{3-} + 5\,e^-$$
$$MnO_4^- + 8\,H^+ + 5\,e^- \longrightarrow Mn^{2+} + 4\,H_2O$$

を足しあわせて次のようになる．

$$5\,Fe(CN)_6^{4-} + MnO_4^- + 8\,H^+ \longrightarrow 5\,Fe(CN)_6^{3-} + Mn^{2+} + 4\,H_2O$$

　こうしたことは，言葉で考えるより，電子エネルギーが上ほど高い軸，電位に翻訳すれば上が負，下が正の軸をいつも頭におき，図3.5のおもむきで考えればよい（複数の平衡式を並べて書くときも，より負な電位の式を上におく）．どちらの酸化還元対が電子を出すかはすぐわかり，あとは一本道になる．

c．電解の所要電圧

$$2\,Ag + Cd^{2+} \longrightarrow 2\,Ag^+ + Cd \qquad (3.11)$$

という酸化還元反応は

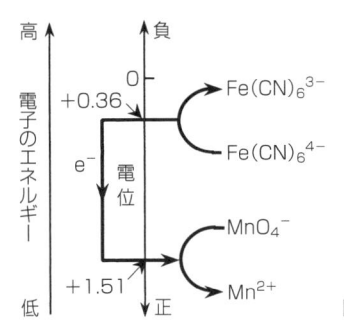

図 3.5　自発的に進む電子授受の向き

$$Cd^{2+} + 2\,e^- \longrightarrow Cd \qquad E° = -0.403\text{ V } vs.\text{ SHE}$$

$$2\,Ag \longrightarrow 2\,Ag^+ + 2\,e^- \qquad E° = +0.799\text{ V } vs.\text{ SHE}$$

と分解でき，電位で正側（安定な側）にいた電子を負側（不安定な側）に移すわけだから，エネルギーを与えなければ進まない．

　電解でそれをするには，$E°$差以上の電圧を両極にかける．式(3.11)は単純な反応だから $E°$差（約 1.2 V）より少し大きい電圧でらくに進むが，途中に進みにくい過程があると過電圧が大きくなって，所要電圧も増す（過電圧は4章でまた眺める）．一例が水の電解で，1章の図1.1でみたとおり，$E°$差が1.23 V のところ，気体が目で見える勢いの電解をするには2 V 以上を要する．

d．電池の起電力

　自発変化をべつべつの電極で行わせれば電池ができ，起電力の最大値は酸化還元系の $E°$差になる．たとえば銅-亜鉛電池（ダニエル電池）は

$$Zn \longrightarrow Zn^{2+} + 2\,e^- \qquad E° = -0.763\text{ V } vs.\text{ SHE}$$

$$Cu^{2+} + 2\,e^- \longrightarrow Cu \qquad E° = +0.337\text{ V } vs.\text{ SHE}$$

の反応で成り立ち，起電力は $+0.337 - (-0.763) = 1.100$ V となる．

　ほぼ電子授受だけですむこういう単純な反応では，電池の起電力は理論値に近い．しかし，過電圧の大きい電池反応だと，その分だけ電圧が下がる．たとえば 200 °C 付近で動作するリン酸型燃料電池（p.161）は，電池反応が

$$2\,H_2 \longrightarrow 4\,H^+ + 4\,e^-$$

$$O_2 + 4\,H^+ + 4\,e^- \longrightarrow 2\,H_2O$$

で，25℃のとき1.23 V だった起電力を温度補正すると約1.1 V になるはずのところ(温度補正については p. 161 参照)，電極表面で進む結合の開裂，拡散，結合形成などに大きな過電圧を要するため，電池の動作電圧は 0.7〜0.9 V あたりまで落ちてしまう．

e．固体の溶解度積・溶解度

25℃の水に AgBr は 7.2×10^{-7} M しか溶けず，HgS だと飽和濃度は 1.7×10^{-26} M しかない．AgBr ならまだ重量法ではかれても，HgS の値をはかる手段はない．

溶解反応の標準ギブズエネルギー変化 $\Delta_r G°$ から溶解度積を計算する手順は 2 章に述べた．$\Delta_r G°$ は物質の生成ギブズエネルギー $\Delta_f G°$ に由来し，$\Delta_f G°$ は $E°$ とリンクしているため，$E°$ だけつかっても溶解度積をはじき出せる．

たとえば臭化銀の溶解平衡は次のように書ける．

$$AgBr \rightleftarrows Ag^+ + Br^- \tag{3.12}$$

まず式(3.12)をふつうの化学反応ふうに書き直す．

$$AgBr \longrightarrow Ag^+ + Br^- \tag{3.13}$$

この式は，次の二つの電子授受反応を足せばできる．

$$AgBr + e^- \longrightarrow Ag + Br^- \quad E° = +0.071\,V\ \textit{vs.}\ SHE$$

$$Ag \longrightarrow Ag^+ + e^- \quad E° = +0.799\,V\ \textit{vs.}\ SHE$$

電子はむろん自発変化ではない向きに動く．$E°$ 差が 0.728 V だから，1 個の電子を動かすには 0.728 eV のエネルギーがいる．反応(3.13)が単位量だけ右に進むと，電子も 1 mol 動く．$1\,eV = 96\,485\,J\,mol^{-1}$ の関係 (p. 23 参照) をつかえば，右向き反応の $\Delta_r G°$ は $0.728 \times 96\,485 = +70\,241\,J\,mol^{-1}$ になる．

これを式(2.14)の左辺に入れると，次の結果になる．

$$\ln K_{sp} = -28.34\ \text{つまり}\ K_{sp} = 4.92 \times 10^{-13}\,M^2$$

AgBr の飽和濃度が S なら，$S = [Ag^+] = [Br^-]$ なので $K_{sp} = S^2$，つまり $S = 7.0 \times 10^{-7}$ M が得られ，$\Delta_f G°$ からの計算値(7.31×10^{-7} M．p. 34 参照)とは少し

ボルタ電池の起電力？

ボルタ電池は，希硫酸や果物に銅板と亜鉛板を刺したもので，次の反応の組み合わせではたらくことになっている．

(Zn 上) $Zn \longrightarrow Zn^{2+} + 2e^-$ (Cu 上) $2H^+ + 2e^- \longrightarrow H_2$

この反応だけ起こり，Zn^{2+} と H^+ の活量が1（濃度1M）なら起電力は約 0.76 V となるはずのところ，実際の電圧は，作成直後が 1.0〜1.1 V，放電を始めるとたちまち 0.4 V 内外に落ちる．

作成直後の起電力が大きい理由は二つ考えられる．一つは Zn^{2+} の初期濃度が低く，ネルンストの式(3.4)によって Zn 極の電位が $E°$ (-0.763 V vs. SHE) よりも負になっていること．希硫酸も果汁もごく微量なら Zn^{2+} を含むし，電池を組んだ瞬間にも Zn^{2+} はできるが，たしかに初期濃度は低いだろう．しかし，"あるかなきか"の 10^{-8} M を仮定しても $E°$ との差は 0.24 V だから，Zn^{2+} 濃度の低さだけで 1.0 V 以上の起電力は説明しにくい．

もう一つ，銅板表面に微量の酸化銅が存在し，たとえば $Cu_2O + 2H^+ + 2e^- = 2Cu + H_2O$ ($E° = +0.47$ vs. SHE) の電子授受平衡が銅電極の初期電位を決める可能性がある．現実の電池では両方の要因が効いているのだろう．

冒頭に書いた本来の反応が進みだしても，見かけより複雑な水素発生に要する過電圧分だけ電圧は下がり，0.3〜0.4 V ほどになってしまう．

ボルタ電池はこれほどに複雑だから，中学や高校では"電気が発生する"事実だけ見せればよい．あやしい"分極"などという言葉をもち出して電圧の値を云々するのは，もういいかげんにやめよう．

異なるものの，実測値 (7.2×10^{-7} M) によくあう．

1：1塩でない固体は少し注意がいる．たとえば $PbCl_2$ は，$PbCl_2 \longrightarrow Pb^{2+} + 2Cl^-$ と電離する．$PbCl_2$ の溶解度が S なら，$[Pb^{2+}] = S$，$[Cl^-] = 2S$ と表せるため，$K_{sp} = S(2S)^2 = 4S^3$ となる．

f．関連する電子授受平衡の $E°$ 値

以下のデータ

$Cu^{2+} + 2e^- = Cu$ $E° = +0.337$ V vs. SHE   (3.14)

$Cu^+ + e^- = Cu$ $E° = +0.520$ V vs. SHE   (3.15)

をもとに，次の電子授受平衡の $E°$ 値を求めたい．どうすればよいだろう？

$$Cu^{2+}+e^-=Cu^+ \qquad E°=? \qquad (3.16)$$

反応式(3.14) から (3.15) を引けば (3.16) になるけれど，同じ引き算を $E°$ 値にもつかって -0.183 V $vs.$ SHE としてはいけない．p. 39 で注意したように，式 (3.14) と (3.15) の電子 e^- は同じではなく，それぞれの $E°$ 値を担った存在である．そのためこの問題は，ギブズエネルギーに立ち戻って解く．

つまり，上の 3 式を式(3.5) や (3.7) の姿に書き直し，

$$\Delta_f G°(Cu^{2+})-2\times 0.337\,F = \Delta_f G°(Cu)=0 \qquad (3.14')$$
$$\Delta_f G°(Cu^+)-0.520\,F = \Delta_f G°(Cu)=0 \qquad (3.15')$$
$$\Delta_f G°(Cu^{2+})-FE°(Cu^{2+}/Cu^+)=\Delta_f G°(Cu^+) \qquad (3.16')$$

簡単な計算により $E°(Cu^{2+}/Cu^+)=+0.154$ V が得られる．

3.3 式量電位

3.2.3項で強調したとおり，標準電極電位 $E°$ は実測値ではない．なにか溶液をつくり，平衡状態ではかっても，その電位は必ず $E°$ とは異なる．そのため実測の電位は，$E°$ ではなく $E°'$ という記号で示し，formal potential（式量電位）または conditional potential（条件づき電位）とよぶ（なお，記号 " $'$ " はプライム prime と読む．"ダッシュ" は日本だけの読みかた）．

$E°$ と式量電位 $E°'$ にどれほど差があり，溶液の種類で $E°'$ がどう変わるか，例を表 3.1 にあげた．精密な測定で得た $E°'$ は "準・標準" につかえるため，『化学便覧』も約 190 例をのせている．

表 3.1 でわかるように，$E°$ 値にちょうど一致する式量電位 $E°'$ はないし，$E°'$ 自体も電解液の種類や濃度で数十 mV から 300 mV ほど動く．1 V＝1000 mV くらい動く系もある．そのため，溶液中や空気中にある物質の電子授受能を $E°$ 値だけで判断するのはあぶない．

とはいえ，$E°'$ と $E°$ の差は 300 mV をめったに越さないので，$E°$ 値に 300 mV 以上の差がある物質系どうしなら，$E°$ 値をもとに酸化・還元力の序列を語ってもかまわない．

表 3.1 標準電極電位 $E°$ と式量電位 $E°'$ の例

電気化学平衡	$E°$/V $vs.$ SHE	$E°'$/V $vs.$ SHE	
$Ag^+ + e^- = Ag$	+0.799	+0.792	(1 M $HClO_4$ 中)
		+0.770	(1 M H_2SO_4 中)
$Ce^{4+} + e^- = Ce^{3+}$	+1.71	+1.70	(1 M $HClO_4$ 中)
		+1.60	(1 M HNO_3 中)
		+1.44	(1 M H_2SO_4 中)
$Fe^{3+} + e^- = Fe^{2+}$	+0.771	+0.710	(0.5 M HCl 中)
		+0.530	(10 M HCl 中)
		+0.680	(1 M H_2SO_4 中)
$Pd^{2+} + 2e^- = Pd$	+0.915	+0.987	(4 M $HClO_4$ 中)
$Pb^{2+} + 2e^- = Pb$	−0.126	−0.320	(1 M CH_3COONa 中)

3.4 ネルンストの式

いままでは,電子授受平衡式に現れる物質の活量をすべて1とした話だった.そのとき酸化体Oと還元体Rの活量比 a_O/a_R も1になる.図3.1のイメージをもとに考えると,たとえば a_O/a_R が1より大きくなれば,酸化体が電極から電子 e^- を奪うパワーが強まるので,電極の電位 E は標準電極電位 $E°$ から正の向きに動くだろう.そのへんを定量的に眺める.

3.4.1 電気化学ポテンシャル

ふつうの化学平衡は,活量 a をもつ物質 1 mol のギブズエネルギー(=化学ポテンシャル)を $\mu = \mu° + RT \ln a$ と書いたうえ,

原系のギブズエネルギー = 生成系のギブズエネルギー　　　(2.11)

に基づいて扱い,式(2.13)の"質量作用の法則"を得た.

ところで,イオンと電子は帯電している.また,溶液中でも固体中でも,空間のあらゆる点には電位が考えられるため,荷電粒子は式(2.3)の電気エネルギーを余分にもつ.粒子iの価数が z_i(Na^+ で+1,CO_3^{2-} だと−2)なら1 mol の電荷は $z_i F C$ なので,ある基準点からはかって E_i という電位にいる粒子 1 mol の電気エネルギーは $z_i F E_i$ と書ける.したがって,荷電粒子を含む平衡を扱うときは,化学ポテンシャル μ_i ではなく,μ_i に $z_i F E_i$ を足した

あやしい "イオン化列"

　高校化学の K＞Ca＞Na＞Mg＞Al……という"イオン化列"は，70 種を越す金属からなぜか 15 個を選んで $E°$ 順に並べただけなのに，"身近な溶液中や空気中で元素が示す還元力の序列"だと思っている人が多く，教科書にもそんな調子で書いてある．だが $E°$ は仮想世界の"超"高級な物理量だから，現実世界では，$E°$ 差が 0.3 V 以内の元素間（Hg と Ag など）に序列をつけては絶対にいけない．
　また，身近な媒質中で K，Ca，Na の還元力の差など確かめようもなく，Pt と Au の安定度の差もわからない．
　以上のことより，高校でとりあげるべき元素は，$E°$ 間隔が十分に広く，測定しても序列がまず狂わない次の 10 個くらいなものだろう．
　　　　　　　Na　Mg　Al　Zn　Fe　Pb　H_2　Cu　Ag　Au
　この 10 個にしても，ネルンストの式によって，金属イオンの濃度が大幅に変われば序列が狂うから，身近な媒質中の序列を正しく表しているわけでもない．たとえば H_2 は，pH＝7 ならほぼ Fe の位置に来てしまう．また，Cl^-，I^-，S^{2-} などが共存すると序列は激しく変わる（演習問題 3.17）．
　海外の教科書をのぞけばわかるが，"15 金属の羅列"は日本だけの悪習である．

$$\tilde{\mu}_i \equiv \mu_i + z_i F E_i = \mu_i° + RT \ln a_i + z_i F E_i \tag{3.17}$$

をつかう必要がある．この $\tilde{\mu}$ を荷電粒子の**電気化学ポテンシャル**という．

　ただし，均一溶液内の化学平衡を考える場合なら，溶液の電位 E はいたるところ同じなので，$\tilde{\mu}$ と μ のどちらをつかっても結果は変わらない．

3.4.2　ネルンストの式

　界面の電子授受平衡

$$pP + qQ + ne^- = xX + yY \tag{3.18}$$

に式 (2.11) と式 (3.17) をあてはめ，整理すると

$$E = E° + \frac{RT}{nF} \ln \frac{a_P^p \cdot a_Q^q}{a_X^x \cdot a_Y^y} \tag{3.19}$$

が得られる（付録 ⑧）．酸化体を O，還元体を R と簡略化した平衡

$$O + ne^- = R$$

なら，式(3.19) に対応する式は

$$E = E° + \frac{RT}{nF} \ln \frac{a_O}{a_R} \tag{3.20}$$

となる．式(3.19) や (3.20) を**ネルンストの式**という．

3.4.3 具体例

酸素発生の電子授受平衡

$$O_2 + 4H^+ + 4e^- = 2H_2O \qquad E° = +1.23\,V \ \ vs.\ \mathrm{SHE} \tag{3.21}$$

のネルンストの式を書いてみよう．酸化体 O_2 と H^+ のうち，O_2 の活量は分圧 p_{O_2} で代用し，H^+ の活量はモル濃度 $[H^+]$ で代用する．還元体側の水 H_2O は活量＝1 としてよい．すると式(3.19) は

$$\begin{aligned}E &= +1.23 + (RT/4F)\ln(p_{O_2}\cdot[H^+]^4) \\ &= +1.23 + (2.303\,RT/4F)\log_{10} p_{O_2} + (2.303\,RT/F)\log_{10}[H^+]\end{aligned} \tag{3.22}$$

になる（$\ln x = 2.303\log_{10} x$ の関係をつかった）．ここで，酸素の分圧を 1 atm として式から落とす．また $2.303\,RT/F$ の値は，温度 25 °C (298.15 K) のとき 0.059 V になる．さらに $pH = -\log_{10}[H^+]$ の関係もつかうと，式(3.22) は次の簡単な式に変わる（対数記号の中は無次元だから，この $[H^+]$ は"$[H^+]$ を 1 M で割ったもの"とみる．p.31 ② 参照）．

$$E/\mathrm{V}\ vs.\ \mathrm{SHE} = +1.23 - 0.059\,\mathrm{pH} \tag{3.23}$$

これより，水の酸化で酸素が発生する電位は，pH=0 で +1.23 V，pH=7 で +0.82 V，pH=14 では +0.40 V $vs.$ SHE と計算される．

水素の発生

$$2H^+ + 2e^- = H_2 \qquad E° = 0.00\,V\ vs.\ \mathrm{SHE} \tag{3.24}$$

も同じように扱うと，水素の分圧を 1 atm として，電位は

$$E/\mathrm{V}\ vs.\ \mathrm{SHE} = -0.059\,\mathrm{pH} \tag{3.25}$$

となる．式(3.23) と (3.25) の値は pH に対して同じ動きをするから（図3.6），水の電解に必要な理論上の電圧は pH に関係なく 1.23 V である．

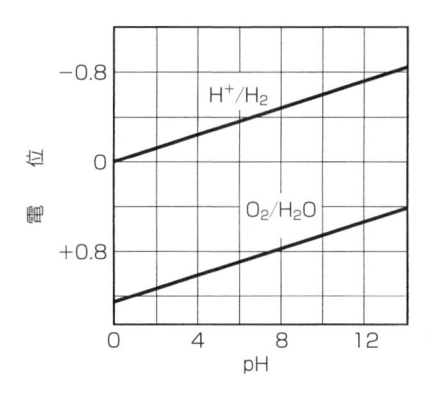

図 3.6 酸素発生電位と水素発生電位（V *vs.* SHE）の pH 依存性

3.4.4 ネルンストの式の応用

ネルンストの式は，次の2点について定量的な情報をもたらす．
① 物質の活量（濃度）が変わると電位が変わる
② 電位を変えると物質の活量（濃度）が変わる

①を利用すれば，電位の測定から物質の濃度を求められる．たとえば金属 M を電極に用い，金属イオン M^{n+} を含む溶液に M を浸したとき，界面で次の電子授受平衡が成り立つ．

$$M^{n+} + ne^- = M \tag{3.26}$$

ネルンストの式より，電位 E は（実測値だから，標準電極電位 $E°$ ではなく式量電位 $E°'$ をつかって）

$$E/\text{V }vs.\text{ SHE} = E°' + (0.059/n)\log_{10}[M^{n+}] \tag{3.27}$$

と書ける．つまり，濃度が1桁変わると，1価イオンなら約 60 mV，2価イオンなら約 30 mV ずつ電位が動くため，あらかじめ較正直線をつくっておけば電位の値から濃度がわかる．pH メーターのガラス電極はこの原理を利用したもので，14桁もの H^+ 濃度域にわたって電位が pH に直線応答をする．

②の例もみよう．Cu 電極の電位を $+0.247$ V $vs.$ SHE にすれば，単純な反応なので $E°' = E° = +0.337$ V $vs.$ SHE としたネルンストの式から

$$+0.247 = +0.337 + 0.030 \log_{10}[Cu^{2+}] \tag{3.28}$$

が成り立ち，平衡になった溶液中の $[Cu^{2+}]$ を 1.0×10^{-3} M に制御できる．

3.5 まとめ

化学平衡と電気化学平衡を表す量の相互関係をまとめておく．

① 物質すべての活量 a が 1 の仮想的な状態を考えたとき，物質の標準生成ギブズエネルギー $\Delta_f G°$ は化学ポテンシャルの定数部分 $\mu°$ に等価で，これらを電位に翻訳した量が標準電極電位 $E°$ となる．なお，実測値（式量電位）は $E°{'}$ と書いて，$E°$ と区別する．

② 物質の活量 a が 1 でないとき，物質のギブズエネルギーは $\mu = \mu° + RT \ln a$ と表され，その電位版（化学ポテンシャル μ ではなく電気化学ポテンシャル $\tilde{\mu}$ を考えた場合）がネルンストの式の E となる．

ここまでは"静"の世界の話だった．次章からは"動"の世界をのぞく．

演習問題

以下，温度はすべて 25 ℃ とする．また，3.1〜3.6 に出てくる物質の活量は 1 とせよ．

3.1 $\Delta_f G°$ データ（付録④）から，反応

$$2\,NO + 3\,S + 4\,H_2O \longrightarrow 2\,NO_3^- + 3\,S^{2-} + 8\,H^+$$

を電解で起こすのに必要な電圧を計算せよ．

(1.41 V)

3.2 ベンゼン C_6H_6 の $\Delta_f G°$（+124.3 kJ mol^{-1}）をもとに，仮想的な電解還元反応 $6\,C + 6\,H^+ + 6\,e^- \longrightarrow C_6H_6$ の標準電極電位 $E°$ を計算せよ．

(-0.215 V $vs.$ SHE)

3.3 $+1.500$ V $vs.$ Ag-AgCl(Cl$^-$ 飽和) を SHE 基準の電位で表せ．

($+1.699$ V $vs.$ SHE)

3.4 Cu$^+$/Cu 系の $E°$ 値は Cu^{2+}/Cu 系よりも正だから，一電子を引き抜く反応 Cu $\longrightarrow$ Cu$^+$ + e$^-$ は，二電子を引き抜く反応 Cu $\longrightarrow$ Cu^{2+} + 2 e$^-$ よりも起こりにくい．なぜだろうか．

3.5 $E°$ データ（付録⑦）から，Cu + ClO$_4^-$ + 2 H$^+$ = Cu^{2+} + ClO$_3^-$ + H$_2$O の酸化還元反応が自然に進む向きを判定せよ．

3.6 MnO$_2$/Mn^{2+} 系と Ag$_2$S/Ag 系を組み合わせて電池をつくったとき，起電力は何

3.5 まとめ

V になるか.

(1.92 V)

3.7 AgCl, PbI$_2$, Hg$_2$Cl$_2$ の溶解度積 K_{sp} と溶解度 S (M 単位) を, $\Delta_f G°$ データ (付録④) と $E°$ データ (付録⑦) よりそれぞれ見積もれ.

($\Delta_f G°$ より……AgCl 1.77×10^{-10} M^2, 1.33×10^{-5} M ;

PbI$_2$ 8.49×10^{-9} M^3, 1.29×10^{-3} M ;

Hg$_2$Cl$_2$ 1.46×10^{-18} M^3, 7.14×10^{-7} M

$E°$ より……AgCl 1.76×10^{-10} M^2, 1.33×10^{-5} M ;

PbI$_2$ 8.32×10^{-9} M^3, 1.28×10^{-3} M ;

Hg$_2$Cl$_2$ 1.41×10^{-18} M^3, 7.07×10^{-7} M)

3.8 CuCN の溶解度積は $K_{sp} = 1.0 \times 10^{-11}$ M^2 である. 電子授受平衡 CuCN + e$^-$ = Cu + CN$^-$ の標準電極電位 $E°$ を計算せよ.

(-0.131 V $vs.$ SHE)

3.9 以下のデータ

O$_2$ + 2 H$^+$ + 2 e$^-$ = H$_2$O$_2$(aq)　　$E° = +0.695$ V $vs.$ SHE

O$_2$ + 4 H$^+$ + 4 e$^-$ = 2 H$_2$O　　$E° = +1.229$ V $vs.$ SHE

だけから (H$_2$O$_2$ や H$_2$O の $\Delta_f G°$ 値をつかわずに)

H$_2$O$_2$(aq) + 2 H$^+$ + 2 e$^-$ = 2 H$_2$O

の標準電極電位 $E°$ を計算し, 付録⑦の値と比較せよ.

(+1.763 V $vs.$ SHE)

3.10 酸化還元滴定という方法をつかい, 分子 A とその酸化体 A$^+$ が濃度比 1:1 で共存する電位を求めた. この電位は何とよべばよいか.

3.11 溶液内平衡 Cl$_2$(aq) + 2 Fe^{2+} = 2 Cl$^-$ + 2 Fe^{3+} に式 (3.17) を適用したとき, 電気エネルギーの項が両辺でうち消しあうのを確かめよ.

3.12 温度 25 °C (298.15 K) で $2.303 RT/F$ が 0.059 V になるのを確かめてみよ.

3.13 電子授受平衡 AgCl + e$^-$ = Ag + Cl$^-$ についてネルンストの式を書け. それをもとに, [Cl$^-$] = 0.01 M のとき Ag-AgCl 電極が SHE に対して示す電位を求めよ.

(+0.340 V $vs.$ SHE)

3.14 4 OH$^-$ = O$_2$ + 2 H$_2$O + 4 e$^-$ の標準電極電位 $E°$ を求めよ.

(+0.404 V $vs.$ SHE)

3.15 食塩水電解の総反応式は 2 H$_2$O + 2 Cl$^-$ ⟶ H$_2$ + Cl$_2$ + 2 OH$^-$ と書ける. 食塩水

の濃度を1M, 気体の分圧を1atmとし, pH=6のとき電解に必要な最小電圧が何Vになるか計算せよ.

(1.712 V)

3.16 ボルタ電池をつくった直後, 水溶液のpHが0, 亜鉛極に接した水溶液のZn^{2+}濃度が10^{-4} Mであり, 銅電極の表面では$CuO+2H^++2e^- \longrightarrow Cu+H_2O$ が進むとすれば, 起電力は何Vになるか. CuOの$\Delta_f G°$は付録④を参照のこと.

(1.438 V)

3.17 金属の硫化反応を"酸化反応"の一種とみよう. 10^{-8} Mという超低濃度の硫化物イオンS^{2-}を含む水中で$2Ag+S^{2-} \rightleftarrows Ag_2S+2e^-$の平衡が成り立つ電位を見積もり, この水に入れた銀は"純水中の鉄より酸化されやすい"ことを示せ.

(-0.455 V $vs.$ SHE)

3.18 $ZnCl_2$水溶液に入れた亜鉛電極の電位が, 平衡状態で-1.100 V $vs.$ Ag-AgClだった. $ZnCl_2$のモル濃度はいくらか.

(2.1×10^{-5} M)

4 電解電流（1）
——電位が決める電流

- 化学変化の速さは何が決めるのだろう？
- 電極の電位は，どうやって精密に制御するのだろう？
- 電位を変えたとき，電解電流はなぜ，どのように変わるのか？
- 過電圧とはどんな量で，その大きさは何が決めるのか？

4.1 無限大から有限へ

酸化体Oと還元体Rが電極界面で電子授受平衡にあるとしよう．電極の電位 E を平衡値から負または正にずらせば，

$$O + ne^- \longrightarrow R\ （還元） \quad または \quad R \longrightarrow O + ne^-\ （酸化）$$

の**電極反応**が進んで，**電解電流**が流れる．つまり電解電流は，新しい平衡状態に向かおうとする物質系の動きが生む（川の流れも同じ．また，あらゆる化学変化は平衡をめざす物質系の営みにほかならない）．

電流は，単位がA（アンペア）で，A＝C s^{-1}だから，**反応速度**を表す．3章で電極反応の式を出したとき，速度は問題にしなかった．というより，暗黙のうちに無限大とみていた．だが，どんな変化も有限の速度でしか進まない．

電極2本で電解したとき，両極の電子授受速度は必ずちがい，電流は"遅いほうの電極"が決める．陰極が"素通し"に近くても，陽極が遅ければ電解の効率は下がってしまう．電解にも電池にも"速い電極"がほしい．

電子授受速度は電極材料と電位で変わり，速度のちがいは場合によって10桁以上にも及ぶ．そのため，電気化学では"**ある電極の上で，ある反応がどんな電流-電位関係を示すか**"が大切な問いになる．

電子授受も化学変化の一種で，電位はエネルギーに翻訳できる．以下では，まず化学変化とエネルギーの関係をみたあと，電極電位の制御法を紹介し，それをもとに電位と電流の関係を考えよう．

4.2 化学反応の活性化エネルギー

分子（やイオン）の化学変化は，次の2条件がそろって起きる．
　① 分子どうしが衝突する（または，分子が電極表面にぶつかる）
　② 変身（結合の組み替え，電子授受など）のできる条件が整う
①の話は5章にまわし，ここでは②を考えよう．

4.2.1 反応分子のエネルギー事情

　反応前は，どんな分子もそこそこ落ちついた境遇にいる（図4.1の原系A）．"境遇"とは，原子間の結合距離や，まわりにいる溶媒分子のたたずまいなどをいう．分子が変身するには"境遇の変化"が欠かせない．分子の境遇のことを，速度論では"反応座標"といい表す．そして，反応座標を変えるには，エネルギーをつぎこまなければいけない．

　原子間の結合距離 r は，一つのわかりやすい反応座標だろう．r を $r+\Delta r$ まで伸ばすのに必要なエネルギーは $(\Delta r)^2$ に比例するから，反応座標に対するエネルギー変化はふつう二次関数（放物線）の形に描く．

　Aを中心に存在していた原系の粒子集団のうち，P（**活性化状態**）に行き着いた部分は，坂を下るようにして生成系のBへ移れる．Pまで登るためのエネルギーは熱運動からもらう．AとPのエネルギー差を**活性化エネルギー**とよび，E^* で

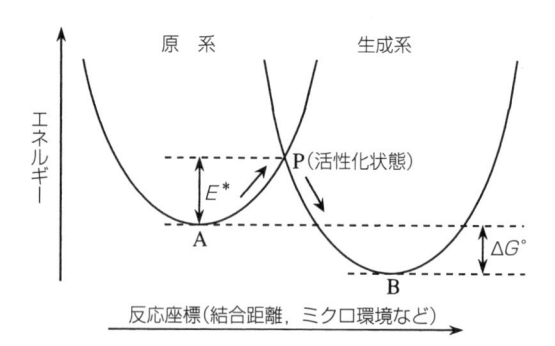

図 4.1 物質系の変化と活性化エネルギー E^*

表す．このとき次の関係が成り立つ．

$$原系がPに達する確率（ボルツマン因子）= e^{-E^*/RT} \quad (4.1)$$

4.2.2 活性化エネルギーの中身

水素 H_2 の燃焼では，H−H 結合や O=O 結合を引き伸ばすエネルギーが E^* の主体となる．ただし，たとえば点火して分子集団のごく一部でも"山越え"を果たせば，反応熱（図2.3）のエネルギーがほかの分子もつぎつぎと活性化状態に上げるから，燃焼は爆発的に進む．

溶液中や電極表面で進む Fe^{3+}/Fe^{2+} 系の電子授受

$$Fe^{3+} + e^- = Fe^{2+} \quad (4.2)$$

なら，イオンを囲む溶媒分子のありようが Fe^{3+} と Fe^{2+} では大きく異なるため，溶媒分子の配列を変えるエネルギーが E^* の大半を占める．

同じ電極反応でも，水 H_2O の酸化で酸素 O_2 がでる反応だと，O−H 結合の切断，できた O 原子の表面拡散，結合生成，O_2 分子の脱離などにそれぞれエネルギーをつかうので，活性化エネルギーの中身は複雑になる．

"あってはいけない"物質たち

平衡論だけで考えると，ダイヤモンドの $\Delta_f G°$ は $+2.90 \text{ kJ mol}^{-1}$ なので"黒鉛→ダイヤモンド"の $\Delta_r G°$ は $+2.90 \text{ kJ mol}^{-1}$ となり，化学平衡の基本式(2.14)から，平衡状態で"黒鉛：ダイヤモンド"のモル比は $3:1$ になるはず．また，酸素を含む空気中では，グルコース（演習問題 2.8 参照）など生体有機分子のほとんども安定に存在できないことになってしまう．

しかしダイヤモンドもグルコースも一見したところ安定だ．こういう"あってはいけない"物質たちが存在できるのは，ひとえに反応の活性化エネルギー E^* がたいへん大きく，活性化状態の峠を越せないからである．

4.2.3 反応速度と速度定数

反応の速度 v はおおむね反応物 X の濃度 [X] に比例すると考えてよい．比例係数（**速度定数**）を k とすれば次のように書ける．

$$v = k[\text{X}] \tag{4.3}$$

また上記から速度定数 k は，原系 A が活性化状態 P に行き着く確率に比例するはずなので，式(4.1) をつかって次式に表せる．

$$k = k_0 \, e^{-E^*/RT} \tag{4.4}$$

新しい係数 k_0 の素性は5章で眺めよう．

4.2.4 化学反応と電極反応

ふつうの化学反応では，原系と生成系のエネルギー差 $\Delta G°$（図4.1）をいじる余地はない．そのため，反応を速めたければ，熱エネルギーを加えて温度を上げる（分子の運動を激しくする）か，触媒や酵素をつかってPより低い"峠"を用意するかして，式(4.1) の山越え確率をふやす．

いっぽう電極反応では，電極電位を変えるだけでエネルギー曲線が上下方向にずれあい，AとBの相対位置（$\Delta G°$）がたやすく変わる．

それを説明する前に，3章では書ききれなかったポイント，つまり電極の電位を定める実際的なやりかたを眺めておこう．

4.3 電位の制御

4.3.1 電極2本の場合

1本を動作電極，1本を基準電極にすれば，動作電極の電位はいちおう制御できる（p.40 参照）．しかし電解液は抵抗 R をもち，電流 I が通ると大きさ IR の電圧が溶液内に落ちるため（IR 降下．図4.2），電圧 ΔE をかけても実効値は $\Delta E - IR$ となる（p.3 の図1.1を見直そう．希硫酸を水道水に変えたとき，電流が大きいほど電流曲線が右手にずれていくのはこのため）．また，大電流を流せば基準電極自身の電位も狂う．電位の制御は見た目ほど単純ではない．

電位を正しく定めるには，電位制御回路の電流を小さく抑え，IR 降下をぎりぎ

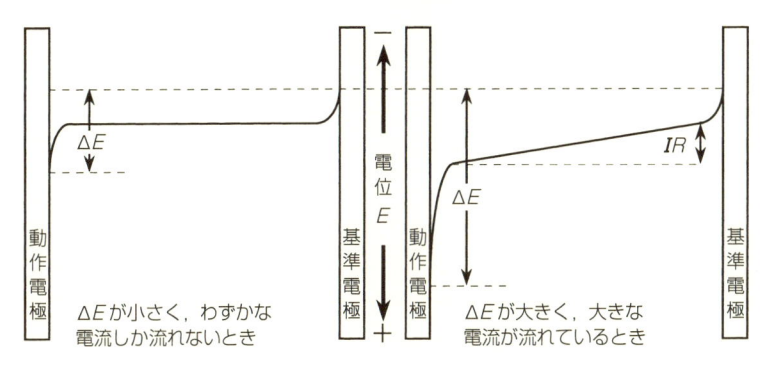

4 電解電流（1）——電位が決める電流 61

図 4.2 溶液抵抗 R が生む電解液内の電圧降下

り減らす．そのために，もう1本の電極を組みこむ．

4.3.2 電極3本の場合

動作電極 W と基準電極 R に加えて補助電極（auxiliary electrode）A というものをつかう．W-R 間にはごく小さい電流を流して W の電位を定め，電流の大部分は W と A の間に流す．また基準電極 R の塩橋先端は動作電極 W の近くにおいて IR 降下を減らす．以上を自動で行う装置をポテンシオスタットといい（図 4.3），これをつかえば W の電位を ±1 mV に制御できる．

電気化学系のパワー

ふつうの化学変化は，粒子の熱運動からエネルギーをもらって峠（活性化状態）を越す．絶対温度が T のとき熱運動のエネルギーは $(3/2)RT$ と表され（p. 80 参照），25 °C (298.15 K) だと 3.72 kJ mol^{-1} にすぎない．かたや 1 V の電圧は，電子1個のエネルギーで 1 eV，つまり 96.5 kJ mol^{-1} にあたる (p. 23 参照)．水の電解にかけた 3 V を $(3/2)RT$ の T に換算すれば，約 23 000 K もの高温にあたる．電気化学系のパワーはそれほどに大きい．

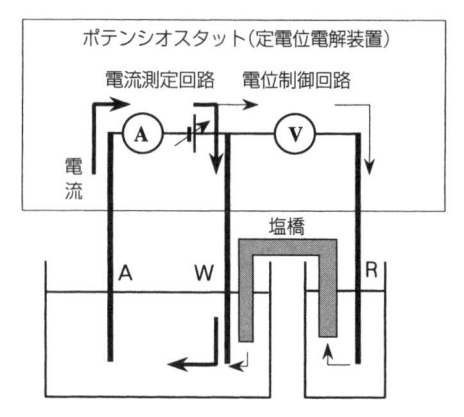

図 4.3 電極を3本つかう電気化学計測

補助電極Aは電流の"捨て場"とみて，その電位がいくらかも，電極上でどんな反応が起きているかも問題にしない．

4.4 電位と電流

電極電位は以上のようなやりかたで定められる．これを基礎として本題に入ろう．電極電位は電解電流（電極反応の速度）をどう変えるのか？

4.4.1 エネルギー曲線のシフト

左辺を原系，右辺を生成系とみた酸化還元系

$$\mathrm{R} \rightleftarrows \mathrm{O} + ne^- \tag{4.5}$$

を考えよう（アノード反応を主体とみて，原系を還元体にした）．初め系は標準電極電位 $E°$ で平衡にある．図 4.4(a) でわかるように，そのとき活性化エネルギー G^* は両向きとも等しい．電位を正方向に η だけずらす（**分極**する）と，生成系の電子 e^- のエネルギーが $-nFE°$ から $-nF(E°+\eta)$ に変わり，差し引き $nF\eta$ だけエネルギー曲線が沈む．

4.4.2 活性化エネルギーの変化

このとき活性化エネルギーは，右向き（アノード）反応では減り，左向き（カ

4 電解電流（1）──電位が決める電流

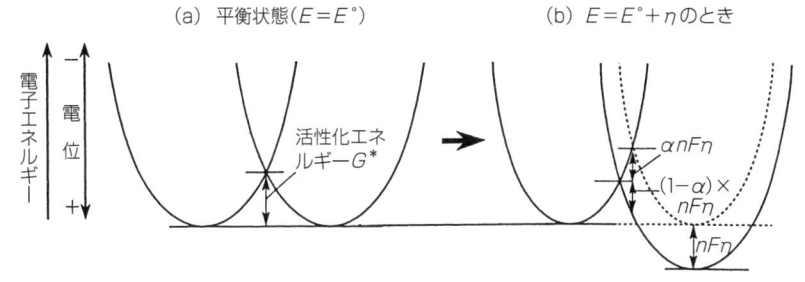

(a) 平衡状態（$E=E°$） 　　　(b) $E=E°+\eta$ のとき

図 4.4 電極電位の変化（分極）と活性化エネルギー

ソード）反応ではふえる．減少分と増加分の合計は $nF\eta$ に等しい．そこで，$nF\eta$ のうち割合 α（$0<\alpha<1$）をアノード反応に，残る $1-\alpha$ をカソード反応に割り振ると，活性化エネルギーは次のように変わる（図 4.4(b)）．

$$\text{アノード反応：} G^* \longrightarrow G^* - \alpha nF\eta \tag{4.6}$$

$$\text{カソード反応：} G^* \longrightarrow G^* + (1-\alpha)nF\eta \tag{4.7}$$

分極 η があまり大きくなければ，α はほぼ 0.5 となる．

4.4.3 電解電流の表現

電解電流 I の大きさ（単位 $A = C\ s^{-1}$）は，以下三つの量のかけ算に書ける．

① 電極上で 1 秒間に電子授受する物質の量（単位 $mol\ s^{-1}$）
② 粒子 1 個がやりとりする電子の数 n
③ ファラデー定数 F（単位 $C\ mol^{-1}$）

さらに① は，電極面積 $A\ cm^2$ と，表面付近にいる反応物の濃度 $c\ mol\ cm^{-3}$ に比例し，比例係数（k と書く）を電子授受の速度定数という．① の単位を考えれば，k の単位は $cm\ s^{-1}$ になる．

電流 I は，アノード（酸化）電流 I_a とカソード（還元）電流 I_c の和に書ける．I_a は $k_a \times$ 還元体濃度 c_R に比例し，I_c は $k_c \times$ 酸化体濃度 c_O に比例する．習慣に従ってアノード電流の符号を正としよう．

$$I = I_a + I_c = nFA(k_a c_R - k_c c_O) \tag{4.8}$$

電気化学では，電解セルや電極が cm サイズだから，上のように，濃度や面積も SI 単位系の m ではなく，cm 基準の単位で表すことが多い．

次に，反応速度らしくするため，電流 I を電極面積 A で割る．割った値（単

> ## ミクロの世界は摩擦フリー
>
> 図4.1や4.4のように物質系がエネルギー曲線を登り下りするとき，登りではエネルギーを吸収（消費）し，下りではエネルギーを吐き出す．こうした話はよく登山にたとえるが，現実世界の登山だと下り道でエネルギーをトクしたりはしない．現実世界には摩擦があるからだ．ミクロの世界には摩擦がいっさい存在しないので，坂を下るときは必ずエネルギーがとり戻せる．

位 A cm^{-2}) を**電流密度**とよび，小文字の i で表す．

$$i = i_\mathrm{a} + i_\mathrm{c} = nF(k_\mathrm{a} c_\mathrm{R} - k_\mathrm{c} c_\mathrm{O}) \tag{4.9}$$

4.4.4 平衡電位で流れる電流

電位が平衡値 $E°$ のときは（図4.4(a)），ぴったり同じ大きさのアノード電流とカソード電流が電極表面を貫いている．この電流を**交換電流密度**という．

本章の範囲では c_R も c_O もつねに一定と考え，さらに $c_\mathrm{R} = c_\mathrm{O} = c$ を仮定しよう．活性化エネルギーは正逆反応に共通なので，速度定数は

$$k_\mathrm{a} = k_\mathrm{c} = k_\mathrm{eq} = k_0 \exp(-G^*/RT) \tag{4.10}$$

と書け（eq は equilibrium＝平衡），$i = nF(k_\mathrm{eq} c - k_\mathrm{eq} c) = 0$ が成り立つ．したがって交換電流密度 i_0 は次のようになる．

$$i_0 = nFck_\mathrm{eq} = nFck_0 \exp(-G^*/RT) \tag{4.11}$$

4.4.5 電位をずらしたとき流れる電流

さていよいよ電位を $E°$ から η だけずらす．すると活性化エネルギーが式(4.6)と(4.7)のように変わり，$c_\mathrm{R} = c_\mathrm{O} = c$ なら電流密度は次式に書ける．

$$i = i_0 [\exp(\alpha nF\eta/RT) - \exp\{-(1-\alpha) nF\eta/RT\}] \tag{4.12}$$

式(4.12)を **Butler-Volmer**（バトラー・フォルマー）**の式**という．分極 η に対してアノード電流 i_a とカソード電流 i_c を描けば図4.5になる．

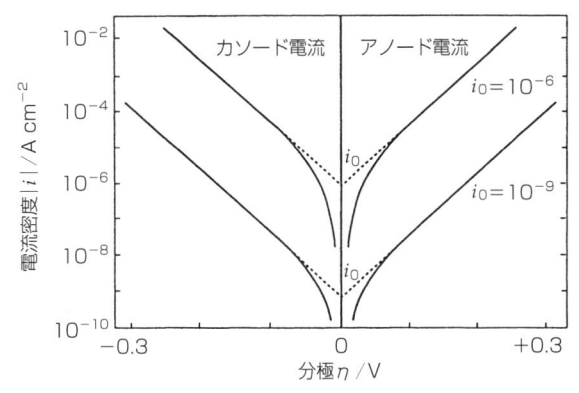

図 4.5 分極 η と電流密度 i の関係
$\alpha=0.5$, $n=2$ とし, $i_0=10^{-9}$ A cm^{-2} および 10^{-6} A cm^{-2} の場合を描いた.

4.4.6 ターフェルの関係

実測の電流は, 式(4.12)のように i_a と i_c の和(絶対値では差)だけれど, η がほどほどに大きく, 平衡からだいぶ外れたところでは, 実質的にどちらか一方だけ考えればよい. そのとき電流は η の指数関数となり, $\log i$ が η に対して直線的に変わる(図4.5). これを Tafel (ターフェル)の関係という. たとえば η が大きな正値なら, 式(4.12)のアノード分枝

$$\ln i_\mathrm{a} = \ln i_0 + \alpha n F\eta/RT \tag{4.13}$$

がターフェルの関係を表す. $T=298.15$ K のとき $(\ln 10)\times RT/F$ が 0.059 V になる事実(p.51参照)をつかい, 自然対数を常用対数に直すと, 上式は

$$\log_{10} i_\mathrm{a} = \log_{10} i_0 + \alpha n\eta/0.059 \tag{4.14}$$

になる.

ターフェルの関係をグラフに描き, 平衡電位 ($\eta=0$) まで延長すれば, 交換電流密度 i_0 の大きさがわかる. i_0 は, 両向きに流れている電流だから直接の測定はできないが, 電極の性能を語る重要な量である.

4.4.7 過電圧

電流密度 i の値を一定値に決めて眺めた分極 η を, その電流密度での過電圧

電解の電流効率とエネルギー効率

電解の"よさ"を表す量に,電流効率とエネルギー効率がある.

電流効率は,一つの電極反応に注目し,流れた電子の何%がその反応を進めたかを表す.希硫酸を電極2本で電解したときの陽極では,電圧が3V内外なら酸素発生 ($2H_2O \longrightarrow O_2 + 4H^+ + 4e^-$) の電流効率がほぼ100%となる(4個の電子が動いて1分子の O_2 ができる).しかし電圧をさらに上げると,陽極の電位も高くなるため,できた O_2 がオゾン O_3 に酸化される反応 ($O_2 + H_2O \longrightarrow O_3 + 2H^+ + 2e^-$) や,硫酸イオンがペルオキソ二硫酸イオン $S_2O_8^{2-}$ に酸化される反応 ($2SO_4^{2-} \longrightarrow S_2O_8^{2-} + 2e^-$) などが進み,酸素発生の電流効率は落ちていく.

エネルギー効率は,投入した電気エネルギーの何%が反応の ΔG にとりこまれたかを表す.投入した電気エネルギーは,"電圧 $V(t)$ ×電流 $I(t)$" を時間 t で積分したもので,電流と電圧が一定なら $VIt = VQ$ と書ける.工業的な水電解のエネルギー効率は70〜80%になる.エネルギー効率を落とす要因としては,過電圧と,電解液中の IR 降下(p.60参照)が大きい.

(overvoltage)という.過電圧は反応や電極の"遅さ"を表す.

水の電解で,気体を目で見るには $1\,\mathrm{mA\,cm^{-2}}$ ($10^{-3}\,\mathrm{A\,cm^{-2}}$) 以上の電流密度が必要だった(図1.1).図4.5が水の電解にもあてはまるなら,$i_0 = 10^{-9}\,\mathrm{A\,cm^{-2}}$ の場合は,過電圧が両極とも約0.35Vなので,その合計を $E°$ 差1.23Vに足した約2Vをかけなければいけない($i_0 = 10^{-6}\,\mathrm{A\,cm^{-2}}$ だと1.6Vですむ).

図4.5が語るように,過電圧は i_0 が大きいほど小さい.そして i_0 の値は活性化エネルギー G^* が決める.p.17〜18で述べたとおり,食塩水電解の陽極では,$E°$ 値をみるかぎり塩素発生($E° = +1.36\,\mathrm{V}$ vs. SHE)より酸素発生(pH=7で $E = +0.82\,\mathrm{V}$)のほうがずっと進みやすい.しかし酸素発生には活性化エネルギーの大きい段階があるから,塩素のほうがでてしまう.

電極材料が変わると,分子の吸着・脱着,結合開裂,表面拡散などの起こりやすさが変わるため,過電圧も変わる.水素・酸素発生の過電圧を表4.1にあげた.水素発生の過電圧に0.6Vの差があれば(PtとZn),式(4.14)より,電極の"速

表 4.1 水素発生と酸素発生の過電圧（$i=1\,\mathrm{mA\,cm^{-2}}$での概略値）

水素発生（酸性水溶液中）		酸素発生（アルカリ性水溶液中）	
電極	過電圧の絶対値	電極	過電圧の絶対値
Pt	0.10 V	RuO_2	0.20 V
Fe	0.40 V	Fe	0.45 V
Cu	0.60 V	Ni	0.55 V
Zn	0.70 V	黒鉛	0.60 V
Pb	0.80 V	Ag	0.60 V
Hg	1.00 V	Pt	0.75 V

さ"は10桁（100億倍）もちがう．

　水電解の場合，白金はすぐれた陰極材料でも，陽極材料としては最悪の部類に入る．鉄は，水素発生の過電圧が白金についで小さく，安いこともあって工業電解の陰極につかう．工業電解の歴史は，なるべく過電圧の小さい，なるべく安い電極材料を探す道のりだったといってよい．

4.5　まとめ

　電極の電位を変えると，電子授受する原系と生成系のエネルギー差がいとも簡単に変わる．そのとき活性化エネルギーが増減して，電流（反応速度）の大きさが変化する．

　活性化エネルギーの値は，反応ごとに，また同じ反応でも電極材料によってさまざまとなる．"遅い電極"とは活性化エネルギーの大きい電極にほかならず，ある勢いで電解を進めたければ，それだけ余分の電気エネルギー（過電圧）を加えなければいけない．

　さて，図4.5や式(4.14)を眺めて不思議な気がしないだろうか？　話が正しければ，電位をわずか0.5 Vずらすだけで電流は8桁（1億倍）もふえることになる．現実にはけっしてそうならないから，どこかがおかしい．

　じつは式(4.14)などは，"電極表面付近で反応物の濃度がいつも一定"という前提で導かれている．いいかえれば，どんなに大きな電流を流しても反応物はなくならないと仮定していた．本章冒頭で述べた"無限大"の世界がまだ残ってい

活性化エネルギーを見積もる：
マーカス理論

速度定数 k を決める活性化エネルギー G^* の値が見積もれれば，電子授受反応も見通しがよくなる．G^* を評価する道の一つ，R. A. Marcus の理論を紹介しよう．

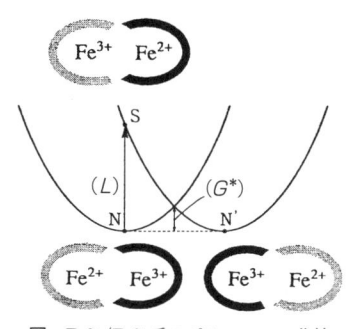

図 Fe^{2+}/Fe^{3+} 系のポテンシャル曲線

例として，電子授受平衡

$$Fe^{2+}+Fe^{3+} \rightleftarrows Fe^{3+}+Fe^{2+} \qquad ①$$

にある Fe^{2+}/Fe^{3+} 系のポテンシャル曲線を考える（図）．横軸（反応座標）は，イオンを囲む溶媒分子のたたずまいを表す．原系の極小点 N と生成系の極小点 N'で，溶媒分子は，Fe^{2+} のまわりでは Fe^{2+} にあわせ，Fe^{3+} のまわりでは Fe^{3+} にあわせて，系全体のエネルギーが最低になるよう配向している．

いま原系を，N点の真上，生成系の曲線と交わる S点まで持ち上げたとしよう．S点は "$Fe^{2+} \longrightarrow Fe^{3+}$ の電子移動が起きたのに溶媒の配向は変わっていない状態"，いいかえると，溶媒分子にとって居心地の悪い状態だ．

だから溶媒分子は，居心地のいい配向を目指して動き始める．つまり反応系は，安定な N'点に向けて生成系の曲線をすべり下る．二つの曲線が放物線なら，この

とき放出されるエネルギー(SとN'のエネルギー差)L は，活性化エネルギーG^* のちょうど4倍になる．
$$L = 4\,G^* \qquad ②$$
そのため，L がわかれば G^* が見積もれる．L は，溶媒分子がN点の配向からN'点の配向に変わるとき出入りするエネルギーで，**再配向エネルギー**という．

溶液中の電子授受では，電子を出す側も受けとる側も溶媒分子に囲まれているから，両方の溶媒分子の配向変化がエネルギー$L(L_s)$ の大きさに効く．いっぽう電極反応では，電極側の溶媒分子の配向変化は考えなくてもよいため，エネルギー$L(L_e)$ は L_s の半分ですむ（$L_e = 0.5\,L_s$）．

再配向エネルギー L の大きさは，溶媒分子に囲まれたある粒子から，やはり溶媒分子に囲まれた別の粒子に電子を移すのに必要な静電仕事として計算する．そのとき，粒子のサイズ（小さいほど溶媒分子を強く引きつけるので，L が大きくなる）と，溶媒和粒子をとりまく媒質の極性（屈折率 n と比誘電率 ε）が効く．

半径 a_1 の粒子と半径 a_2 の粒子が電子1個をやりとりするとき，L_s は次式で表せる（ε_0 は真空の誘電率，d は電子授受する分子間の重心距離）．
$$L_s = (q^2/4\,\pi\varepsilon_0)[1/(2\,a_1) + 1/(2\,a_2) - 1/d](1/n^2 - 1/\varepsilon) \qquad ③$$
電子授受する粒子のサイズが適度に大きいなら，ほぼ $a_1 = a_2 = a = 0.5\,d$ とみてよいので，次式になる．
$$L_s = (q^2/8\,\pi\varepsilon_0)(1/a)(1/n^2 - 1/\varepsilon) \qquad ④$$
エネルギーを eV 単位，長さを Å（0.1 nm）単位にすると次のように書ける．
$$L_s = (7.20/a)(1/n^2 - 1/\varepsilon) \qquad ⑤$$
たとえばルテニウム錯体 $Ru(bpy)_3^{2+}$ と $Ru(bpy)_3^{3+}$ は，水溶液中で
$$Ru(bpy)_3^{2+} + Ru(bpy)_3^{3+} \rightleftarrows Ru(bpy)_3^{3+} + Ru(bpy)_3^{2+}$$
の電子交換をする．水の屈折率 $n = 1.33$ と比誘電率 $\varepsilon = 78.5$，錯体の半径 $a = 6.8$ Å を式 ④ に入れ，$L_s = 0.585$ eV（56.4 kJ mol^{-1}）が得られる．すると式 ① により，溶液中の活性化エネルギーG^* は 0.146 eV（14.1 kJ mol^{-1}）だから，電極反応の活性化エネルギーは 0.073 eV（7.1 kJ mol^{-1}）となる．

このマーカス理論は，いろいろな系の電子授受速度定数を見積もるのに適用され，大きな成功を収めた（1992年度ノーベル化学賞）．

たのである．水 H_2O のような溶媒の電極反応なら，むろん無限大まではいかないにせよ，近似的にはそのイメージでよい．しかし溶質が電子授受するときは様相ががらりと変わる．

反応物の量が有限な世界ではどうなるか，次の章で考えよう．

演習問題

4.1 物質 1 mol のうち，ただの 1 分子も活性化状態に達しないようなら，反応はまず起こらないと考えてよい．温度が 25 °C のとき，活性化エネルギー E^* が何 kJ mol^{-1} 以上でそうなるか．式 (4.1) から見積もってみよ．

(136 kJ mol^{-1})

4.2 活性化エネルギーが 30 kJ mol^{-1} のとき，25 → 35 °C の温度上昇で反応速度は何倍になるか．

(1.48 倍)

4.3 25 °C で，活性化エネルギーが 50 kJ mol^{-1} から 20 kJ mol^{-1} に下がったとき，反応速度は何倍になるか．

(18 万倍)

4.4 抵抗 $R=50\,\Omega$ の電解液に 10 mA の電流を流したとき，IR 降下は何 V か．

(0.5 V)

4.5 図 4.4 の曲線を放物線とみて，平衡状態における放物線の頂点の座標 (x, y) が，原系は $(0, 0)$，生成系は $(1, 0)$ だとしよう．原系と生成系の曲線はどんな方程式で表せるか．

4.6 上の結果から，η が小さい範囲では $\alpha \fallingdotseq 0.5$ となることを示せ．

4.7 式 (4.11) より，$n=1$，$i_0 = 10^{-6}$ A cm^{-2}，$c=1$ M （$=10^{-3}$ mol cm^{-3}），$G^* = 20$ kJ mol^{-1} のとき，速度定数 k_0 の値はいくらになるか．

(3.31×10^{-5} cm s^{-1})

4.8 バトラー・フォルマーの式 (4.12) を導いてみよ．

4.9 アノード電流 i_a がカソード電流 i_c の 100 倍になったら i_c を無視できるとしよう．そのときの分極 η を，$\alpha = 0.5$，$n = 2$ として計算せよ．

(0.059 V)

4.10 $|x| \ll 1$ なら $e^x = 1+x$ と近似してよい．これを式 (4.12) に適用し，$\eta = 0$ の近辺では $i = i_0 (nF/RT) \eta$ と書けることを示せ．

4.11 電極 2 本に 3.2 V かけ，電流効率 100% で水を電解したとき，電解のエネルギー

効率は何％か.

(38%)

4.12 ある電極は，電流密度 10 mA cm^{-2} のときの過電圧が，酸素発生で 0.9 V，塩素発生では 0.2 V となる．pH＝6 の食塩水をこの電流密度で電解したとき，NaCl のモル濃度がいくら以下なら，陽極からでる気体は酸素が主になるか．

(2.0×10^{-4} M 以下)

4.13 表 4.1 より，RuO$_2$ 電極は Pt 電極に比べて酸素発生が何倍"速い"といえるか．$\alpha=0.5$ とせよ．

(4.4×10^{18} 倍)

4.14 図 4.5 で，$i_0=10^{-6}$ A cm^{-2} の直線がどこまでも延びているとしたら，$\eta=+1.0$ V での電流密度は何 A cm^{-2} になるはずか．

(8.9×10^{10} A cm^{-2})

5 電解電流（2）
――物質輸送が決める電流

・物質の濃度にムラがあるとき，どのような流れができるだろうか？
・電極に電位をかけたあと，電流は時間とともにどう変わるのか？
・電気泳動とはどんな現象だろう？
・粒子の熱運動と反応速度はどう関連するのだろう？

5.1 切符と電流

　新幹線の切符を買うとき，みどりの窓口なら1分はかかるが，自動販売機だと10秒ですむ．長い行列ができていれば，1時間あたりの発券数は窓口で60枚，自動販売機で360枚となる．けれど1時間に客が10人しか来ないなら，窓口も自動販売機も同じ10枚しか発券しない．

　1時間あたりの発券数を電流，窓口と自動販売機を"べつべつの電位"とみれば，いまのイメージは電極反応にも成り立つ．電流が流れるには，反応物が電極まで来なければいけない．4章は"無限に長い行列"があるときの話で，電流値は電位（処理能力＝電子授受速度）が決めた．電子授受が十分に速いと，反応物は来たそばから処理される．そのとき電流は，電位の高低ではなく，反応物が電極表面にやってくる速度（物質輸送速度）で決まる（図5.1）．

　いくつかの段階を通って進む現象の速さは，いちばん遅い段階と同じになる．全体の速さを律する（決める）わけだから，その段階を**律速段階**という．4章でみたのは，電子授受が律速段階になるような電流だった．

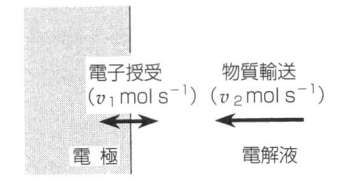

図 5.1　電子授受と物質輸送
電流の大きさは v_1 と v_2 のうち遅いほうで決まる．

電子授受 $(v_1 \text{ mol s}^{-1})$　物質輸送 $(v_2 \text{ mol s}^{-1})$
電極　電解液

5.2 拡　散

　この章では，物質輸送が決める電流を眺めよう．前章の末尾でふれたとおり，おもに溶質の電極反応を念頭におく．

5.2　拡　散

　物質輸送は拡散（diffusion）という物理現象が起こす．拡散で単位時間，単位面積あたり運ばれる物質の量（流束 J．単位 mol cm^{-2} s^{-1}）は濃度勾配 dc/dx（mol cm^{-3} cm^{-1}＝mol cm^{-4}）に比例する．これを**フィックの第一法則**といい，比例係数(**拡散係数**．cm^2 s^{-1})を D と書く．なお，濃度勾配は正負の符号をもち，流束は濃度の低いほうへ向かうため，右辺に負号をつける．

$$J = -D(dc/dx) \tag{5.1}$$

　拡散の速さをモデルでみよう．図 5.2 のように，断面積 1 cm^2 の溶液中，距離 10^{-3} cm (10 μm) にわたって物質の濃度が 0 から 0.1 M (10^{-4} mol cm^{-3}) まで直線的に変わっているとする（ここを**拡散層**という）．dc/dx は 10^{-1} mol cm^{-4} である．溶液中の分子やイオンの D 値はほぼ 10^{-5} cm^2 s^{-1} なので（p.81 参照），$J = -10^{-6}$ mol cm^{-2} s^{-1} となる．10^{-6} mol は，領域 B の長さ 0.01 cm が含む物質の量だから，物質は平均速度 0.01 cm s^{-1} で左向きに運ばれる．

　電極反応でも一般の化学反応でも，拡散が全体の速度を決める反応を**拡散律速の反応**という．なお拡散は濃度勾配がなくても起こり，ふつうの化学反応ではそちらがむしろ主役になる (5.5 節参照)．

　拡散が始まれば，境界 ① は左へ，境界 ② は右へ動く．それが拡散層を厚くし，濃度勾配を減らすため，流束はしだいに弱まる．図 5.2 の場合なら，拡散層の 10

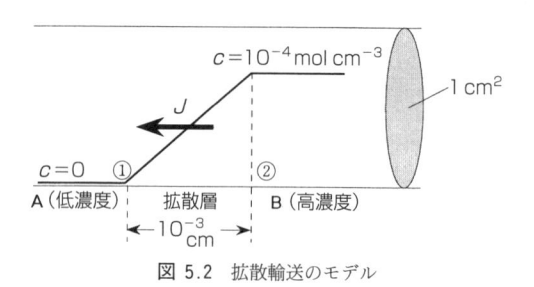

図 5.2　拡散輸送のモデル

倍も厚い液層が左向きに毎秒動くから,流れの様相はたちまち変わる.

5.3 電極界面のダイナミックス

還元体 R を濃度 c_{Rb}(b は bulk＝溶液本体)で含む溶液に電極を浸し,電位を E にしたとしよう.E は,O を酸化体として

$$R \longrightarrow O + ne^- \qquad (5.2)$$

がスムースに進む値(分極 $\eta = E - E°$ が十分に大きい)とする.そのあと何が起こるか,時間を追って眺めよう.

5.3.1 電気二重層の充電

まずは,1章でみた電気二重層の充電が進む.電解液がほどほどの濃さなら充電は 0.01 秒台ですみ,電極反応の舞台が整う(図 1.3).なお,こうした一過性の電流を**非ファラデー電流**という.

5.3.2 電子移動律速の電極反応

反応(5.2)が始まる.界面では還元体 R が消費され,酸化体 O がふえていく.そのとき電流(**ファラデー電流**)の密度 i は,式(4.12)のバトラー・フォルマーの式を $c_R \neq c_O$ の場合に一般化した次式で表される($\alpha = 0.5$ を仮定).

$$i = nFk_0[c_R \exp(nF\eta/2\,RT) - c_O \exp(-nF\eta/2\,RT)] \qquad (5.3)$$

$\eta \gg 0$ なら,実質的には [ ] 内の第一項だけ考えればよい.反応が進むにつれて c_R が減っていく(図 5.3).表面の c_R は,モル比(活量比)c_O/c_R がネルンストの式に従う値となるまで,つまりほぼ 0 にまで落ちる(次頁かこみ参照).すると電流($\propto c_R$)も 0 になるはずだが,現実にはそうならない.

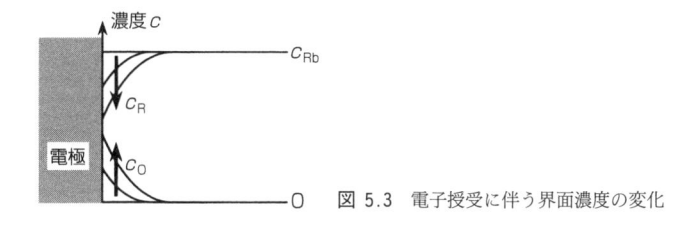

図 5.3 電子授受に伴う界面濃度の変化

バトラー・フォルマーの式とネルンストの式の関係

電子授受が平衡になるのは，バトラー・フォルマーの式(5.3)で電流密度 $i=0$ とした場合にあたる．少し整理すれば $c_O/c_R = \exp(nF\eta/RT) = e^{nF\eta/RT}$ となり，$\eta = E - E°$ をつかうと

$$E = E° + (RT/nF)\ln(c_O/c_R)$$

が得られる．これはネルンストの式にほかならない．

η が十分に大きく，たとえば 0.5 V なら，$n=1$ のとき $c_O/c_R = 3 \times 10^8$ となるため，表面の c_R はほぼ 0 に等しい．なお，通常の電極反応だと，ここまでの変化はおおむね 1 秒で終わる．

5.3.3 拡散律速の電極反応

還元体 R の表面濃度は 1 秒くらいでほぼ 0 となるのだが，表面付近に濃度勾配が生じた瞬間，R は表面に向かって拡散を始め，以後の電流はおもにこの拡散が担う．すなわちここで**電流の質が一変する**．拡散律速の電流密度 i がどう表現できるか，電極表面を $x=0$ とした一次元の拡散を調べよう．

式(5.1)によって，単位時間・単位面積あたり R が電極表面にぶつかる流束 J_R mol cm^{-2} s^{-1} は，表面での濃度勾配 $(dc_R/dx)_{x=0}$ に比例する．

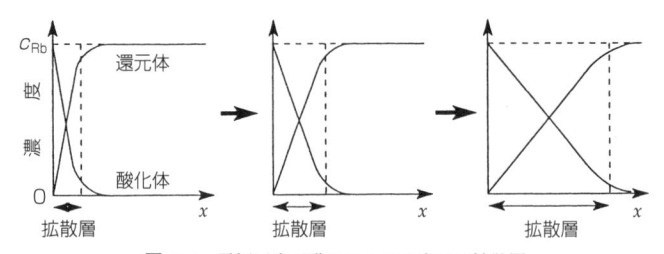

図 5.4 電極反応が進むにつれて広がる拡散層

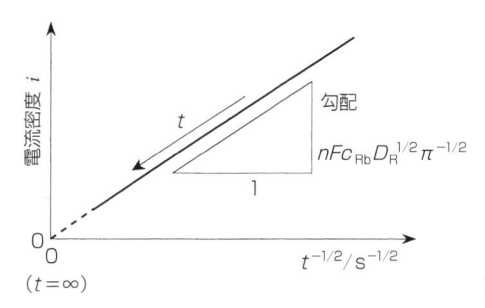

図 5.5　拡散律速の電流と時間の関係

$$J_R = -D_R(dc_R/dx)_{x=0} \tag{5.4}$$

表面にぶつかった瞬間に酸化されるなら，アノード電流密度 i は次のように表せる．

$$i = nFJ_R = nFD_R|\,dc_R/dx\,|_{x=0} \tag{5.5}$$

さて拡散(電解)が進むにつれ，R の濃度の空間分布は図 5.4 のように変わっていく．拡散層が広がり，表面での濃度勾配が減って，電解電流も小さくなる．そのもようは以下のように記述できる．

還元体の濃度 c_R は，表面からの距離 x と時刻 t の関数 $c_R(x,t)$ で，そのふるまいは**フィックの第二法則**（付録⑨）に従う．

$$\partial c_R(x,t)/\partial t = D_R \partial^2 c_R(x,t)/\partial x^2 \tag{5.6}$$

しかるべき境界条件を入れて偏微分方程式を解き，その結果を式(5.5)に代入すると，電流密度 i が次のようになる．

$$i(t) = nFc_{Rb}D_R^{1/2}\pi^{-1/2}t^{-1/2} \tag{5.7}$$

つまり電流は時刻 t の平方根に反比例して減っていく．式(5.7)を**コットレル(Cottrell)の式**という（付録⑩）．還元体の濃度 c_{Rb} がわかっていれば，図 5.5 のように描いた実測直線の傾きから拡散係数 D_R の値を見積もれる．

5.3.4　ダイナミックスのまとめ

電極の電位を，電子授受が速やかに進むような値にしたあとは，以下 3 種類の電流が流れる．

① 電気二重層を充電する非ファラデー電流（0.01 秒台）
② 電子授受律速のファラデー電流（1 秒内外）．反応物の表面濃度が初期

値 c_b からほぼ 0 にまで落ちる
③ 拡散律速のファラデー電流

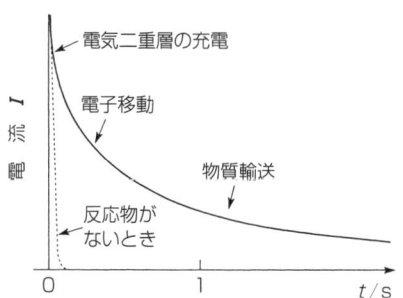

図 5.6 溶質の電極反応が生む I-t 曲線のモデル

電極界面の階層構造

イスラム教徒やヒンドゥー教徒は，天上界にいくつかの階層を想うという．電極界面にも，目には見えないけれど，性質のくっきりとちがう液層がある．

第一は電子授受の起こる**電気二重層**で，厚みはほぼ 10^{-7} cm (10Å) しかないが，電気化学系の本質をなす（1章参照）．

次に**拡散層**がくる．図5.4を見るかぎり無限に厚くなりそうでも，電解液の中には温度分布のゆらぎが対流をつくっているから，厚みはいずれ頭打ちになってしまう．そのため，拡散層の外側を**対流層**という．

拡散層の厚みが δ なら $|dc/dx|_{x=0}$ は c_b/δ と近似でき，式(5.5) は
$$i = nFc_bD/\delta \qquad ①$$
と書ける．δ の値はだいたい右図のように考えてよい．

① を水素発生反応 $2\,H^+ + 2\,e^- \longrightarrow H_2$ にあてはめてみよう．$D = 10^{-5}$ cm^2 s^{-1} としてはじけば，$i > 1$ mA cm^{-2} のとき $[H^+]_b$ はおおよそ 0.01 M 以上になる．だから H^+ は，中性やアルカリ性の水溶液中でおもな反応物にはなりえない（1章，p.17参照）．

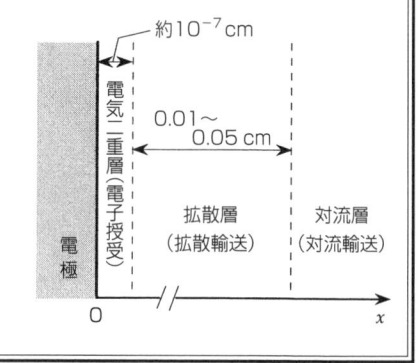

以上をおおまかに描けば図5.6となる．

5.4 電気泳動で決まる電流

電子授受がどんなに速く，電極表面に反応物がどれほどたくさんいても，それだけで電解電流は流れない．電子授受の生む余分な電荷を始末（中和）してくれるイオンがなければいけない（図1.5）．では，イオン濃度が極端に低いとき，電流はどんな姿になるのだろうか？

それがまさに図1.1（p.3参照）の超純水だった．反応物のH_2O分子はふんだんにあって，電気エネルギーも十分なのに，掃除役のイオン（H^+とOH^-）が少ないせいで電流が流れにくいのである．

電気泳動の利用

電気泳動が律速になるような電解は，エネルギー効率が低いから，ふつうはまずやらない．しかし，"重いイオンほど動きにくい"事実を活用すると，電気泳動は，帯電した混合物を成分に分ける有用な手段になる．その一つに，生化学の分野で多用されるSDS-PAGE（SDSペイジと読む）がある．

生体試料のタンパク質成分をばらばらに分け，SDS（ドデシル硫酸ナトリウム $C_{12}H_{25}$-O-SO_3^- Na^+）の溶液に浸し，長鎖の陰イオンをタンパク質分子によくしみこませてタンパク質を"巨大な陰イオン"にする．SDS処理後の試料を，ポリアクリルアミド含有量10%前後のゲルにのせ，100～200 Vの直流電圧をかけると，タンパク質は陽極に向かって動きだす．このとき，小さい分子のほうがゲルの網目構造中を速く動くから分離ができる．PAGEはPolyAcrylamide Gel Electrophoresisの略で，electrophoresisは電気泳動を意味する．

実験書にはふつう書いてないけれど，電気泳動は，あくまでも両端の電極で電解反応が進むからこそ起こる．高校化学の"コロイド"単元に登場する水酸化鉄(III)の電気泳動もむろん例外ではない（このコロイドは，$Fe(OH)_3$といった単純な組成ではないらしい）．乾電池1個をつないだだけで電気泳動は起こらないのを確かめれば，電解反応の大事さをただちに納得できよう．

そのとき電圧は，溶液中のイオンを動かすのにつかわれる．イオンの動く速さは電界（電場）に比例するため（8章参照），電解電流と電圧の関係は直線になる．これも"物質輸送が決める電流"に分類できる．かけた電圧の大半が電解液に落ちるから，電解のエネルギー効率はかなり低くなってしまう．

5.5 熱運動の世界

電極反応や化学反応をする粒子の住む世界，熱運動の世界をのぞいておこう．

5.5.1 粒子の運動速度

速度 v で動く粒子 1 mol は，$(1/2)Mv^2$（M：分子量．kg mol^{-1}）という運動エネルギーをもつ．かたや統計力学により，絶対温度が T のとき物質 1 mol の並進運動には $(3/2)RT$ のエネルギーが分配される．以上から次式が成り立つ．

$$Mv^2 = 3RT \tag{5.8}$$

粒子の平均速度はこの式でおおよそ見積もれる．たとえば 25°C のとき，N$_2$ 分子と H$_2$O 分子の平均速度はそれぞれ 520 m s^{-1}，640 m s^{-1} となる．こうした値は，気体だろうと液体だろうと変わりはない．

5.5.2 衝突頻度

超高速で動く粒子は，少し進むと仲間にぶつかる．1個の粒子が仲間に毎秒ぶつかる回数は，集団の密度と分子サイズからはじける．

N$_2$ も H$_2$O も直径 0.4 nm の球とみて計算すれば，室温で N$_2$ 分子（1 atm の気体）は毎秒 90 億回，H$_2$O 分子（液体）は 15 兆回ほど同類にぶつかる．**濃度 1 M の溶質なら 10^{11} 回の桁**になる．見た目は静かな気体や液体も，そうとうに騒がしい世界なのだ．

5.5.3 拡散距離

こんな動きがあるから，粒子はひんぱんに居場所を変える．5.2 節のような濃度差が起こす場合だけでなく，熱運動による動きも拡散といい（図 5.7），三次元なら t 秒間に粒子は平均して $\bar{x} = \sqrt{6Dt}$ の距離を動く（付録⑪）．

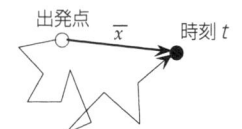

図 5.7 熱運動による拡散

表 5.1 拡散係数の例

粒子	媒質（温度）	$D/\mathrm{cm^2\,s^{-1}}$	粒子	媒質（温度）	$D/\mathrm{cm^2\,s^{-1}}$
O_2	空気（25 ℃）	0.21	Cu	Cu（700 ℃）	3.7×10^{-10}
H_2O	水（25 ℃）	2.3×10^{-5}	Na^+	NaCl（600 ℃）	1.2×10^{-10}
K^+	水（25 ℃）	1.9×10^{-5}	O^{2-}	ZrO_2（1 000 ℃）	2.4×10^{-12}

D 値は物質（系）ごとに大きく異なる（表 5.1）．溶液に溶けた小さな分子やイオンは（H_2O 自身も）$D = (1～3) \times 10^{-5}$ $\mathrm{cm^2\,s^{-1}}$ なので，1秒に 0.01 cm ほど動く．この移動距離は，濃度差の生む拡散（p. 74 参照）と比べても遜色がない（ただし，熱運動だと流れに方向性はない）．

5.5.4 熱運動と反応速度

① 通常の化学反応　分子 A と B の反応 A＋B ⟶ P＋Q＋……の速度は次式に書ける．

$$\mathrm{d[A]}/\mathrm{d}t = -k[\mathrm{A}][\mathrm{B}] \tag{5.9}$$

速度定数 k の単位 $\mathrm{M^{-1}\,s^{-1}}$ は，濃度1M あたり（それが $\mathrm{M^{-1}}$ の意味）1秒間に起こる何かの回数（$\mathrm{s^{-1}}$）を表す．その"何か"とは，分子の衝突によるエネルギーの峠越えにほかならない．

峠越えの確率が1（活性化エネルギー＝0）なら，k は衝突の頻度そのものに等しい．上でみたとおり，濃度1Mでの衝突頻度は 10^{11} $\mathrm{s^{-1}}$ の桁なので，$k \simeq 10^{11}$ $\mathrm{M^{-1}\,s^{-1}}$ が自然界で最大の反応速度定数となる．

② 溶液内の電子授受反応　電子授受では，原系と生成系の溶媒環境がちがうから，必ず活性化エネルギー E^* がある．小型の有機分子の場合，E^* は 20 kJ $\mathrm{mol^{-1}}$ 内外と考えてよい．そのため速度定数の最大値は，10^{11} $\mathrm{M^{-1}\,s^{-1}}$ に $\mathrm{e}^{-E^*/RT}$ をかけておよそ 10^8 $\mathrm{M^{-1}\,s^{-1}}$ と見積もれる．

③ 電極反応　電子授受の速度定数は，単位が $\mathrm{cm\,s^{-1}}$ だった（p. 63 参照）．上記の衝突頻度にあたる値は 10^4 $\mathrm{cm\,s^{-1}}$ くらいになる．同じ反応について活性化

エネルギーは溶液中の半分となるため,最大の速度定数はおよそ 10^2 cm s^{-1} とみてよい.

5.6 まとめ

電極の界面で粒子たちはさまざまな動きを見せ,それが電流のふるまいを左右する.また,電極のあるなしにかかわらず,1個の溶質粒子は毎秒1000億回くらい仲間にぶつかって,条件がよければ変身(反応)できる.

次の章では,電位(4章)と物質輸送(5章)の両方がからみあう電極反応の姿を眺めよう.

演習問題

5.1 図5.2で,$c=10^{-2}$ M,拡散層の厚み$=0.1$ mm なら,流束 J はいくらになるか.$D=10^{-5}$ cm^2 s^{-1} とせよ.

(10^{-8} mol cm^{-2} s^{-1})

5.2 分極 η が -0.3 V および $+0.05$ V のとき,電極表面での平衡濃度の比 c_O/c_R はそれぞれいくらになるか.$n=1$ とせよ.

(8.23×10^{-6},7.04)

5.3 拡散律速の電流が $t=10$ s の値の半分になる時刻 t は何 s か.

(40 s)

5.4 拡散層の厚みが最高で 0.05 cm なら,pH$=1.0$ の水溶液を電解して十分に長い時間がたったとき,反応 $2\mathrm{H}^+ + 2\mathrm{e}^- \longrightarrow \mathrm{H}_2$ が生む電流密度はおよそ何 A cm^{-2} で落ちつくか($n=1$ に注意).

(2×10^{-3} A cm^{-2})

5.5 室温で 1 atm の N_2 分子は,ある衝突から次の衝突までにどれだけの距離(平均自由行程という)を進むか.

(5.8×10^{-8} m$=58$ nm)

5.6 静かな空気中で O_2 分子が 1 時間に拡散する平均距離はいくらか.

(67 cm)

5.7 600 °C で NaCl 結晶中の Na$^+$ が 1 mm 動くには,どれほどの時間がかかるか.

(1.4×10^7 s$=$約 160 日)

5.8 窒素分子の衝突頻度（p. 80 参照）をつかうと，室温で進む気体反応の速度定数 k は，atm^{-1} s^{-1} という単位で上限がいくらになるか．

$(9\times 10^9 \text{ atm}^{-1}\text{ s}^{-1})$

5.9 活性化エネルギーが 15 kJ mol^{-1} のとき，室温の溶液中で進む化学反応の速度定数（M^{-1} s^{-1} 単位）は最高でどれほどになるか．

$(2.4\times 10^8 \text{ M}^{-1}\text{ s}^{-1})$

6 ボルタンメトリー

- 電位を連続的に変えていくと，どんな電流が流れるのだろう？
- 電流-電位曲線（ボルタモグラム）から何がわかるのか？
- 電極反応速度が変わると，ボルタモグラムはどう変わるか？
- 電極をどんどん小さくしたら,ボルタモグラムはどうなるだろう？

6.1 静の E から動の E へ

いままで述べてきたように，電気化学系では電気エネルギーをつかって酸化還元反応を進ませる．電気エネルギーを制御するのが電極電位 E，起こる反応の速さを表すのが電流 I だった．

前章までは，電極電位がある値に固定されていると考え，時間に対する電流の変化もその前提で眺めた．では，電極電位 E を連続的に変えたら，反応速度（電流）I はどう変わり，測定から何がわかるのだろうか？ 本章ではそういう"動の世界"を調べる．

時間とともに電位を変えていくことを**電位の走査**（または掃引，スキャン）という．電位を走査しながら電流をはかれば，電位と電流の関係（電流-電位曲線）を記録できる．この測定法を**ボルタンメトリー**（volt＋ampere＋metry），得られる電流-電位曲線を**ボルタモグラム**とよぶ．

ボルタンメトリーは，ふつう溶液を静止させた状態で行うが（静止ボルタンメトリー），特殊なものとして，電極を回転させたり,溶液をかくはんまたは強制流動させて行う対流ボルタンメトリーがある．

この章では，汎用性のいちばん高い，電位を一定範囲でくり返し走査しながら行う静止ボルタンメトリーだけを扱う．それを**サイクリックボルタンメトリー**といい，CV と略称する．以下，とくに断らないかぎり，サイクリックボルタンメトリーを"ボルタンメトリー"とよぶことにしよう．

ポーラログラフィー

　昨今はボルタンメトリーに白金や炭素などの固体電極をつかうが，電気分析化学の夜明け時代には，液体の水銀を電極に多用した．毛細管にとじこめた水銀の電位をゆっくりと走査し，水銀を一滴ずつ電解液に落としながら電流-電位曲線を記録する方法（ポーラログラフィー）は，チェコのヘイロフスキーが発明し，1959年のノーベル化学賞に輝いた．
　ポーラログラフィーは次のような長所をもつ．
　① 電極表面がつねに新生され，表面が平滑だから測定の再現性がよい．
　② 水銀電極は水素過電圧が大きくて（p. 67参照）水素発生が進みにくいため，水溶液中で多様な金属イオンや分子の還元反応を研究できる．
　③ 水銀の滴下挙動は界面張力で変わるため，界面化学研究に活用できる．
　とりわけ②は，水溶液中の微量金属イオンの定性定量に威力を発揮し，ストリッピングという手法をつかえば10^{-11} Mといった超低濃度の分析ができる．しかし最近，毒性に問題のあるポーラログラフィーは利用場面が減ってきた．

6.2　ボルタンメトリーの基礎

6.2.1　道　具

　ボルタンメトリーを行うには，図4.3（p. 62参照）のポテンシオスタットに，時間に対しさまざまな電位波形を出す関数発生器と，電流-電位曲線（ボルタモグラム）や電流-時間曲線を記録するレコーダーをつなぐ（図6.1）．

　動作電極Wは，それ自身が電極反応する活性電極（亜鉛など）か，広い電位範囲で反応しない不活性電極（白金，金，グラッシーカーボンなど）とする．不活性電極は，溶液中の酸化還元物質のふるまいを調べるのにつかう．
　基準電極RにはAg-AgCl電極やSCE（p. 42）を用いる．電流の"捨て場"となる補助電極Aは，抵抗が電位制御を妨害しないよう，面積のなるべく広い不活性電極とするのがよい．

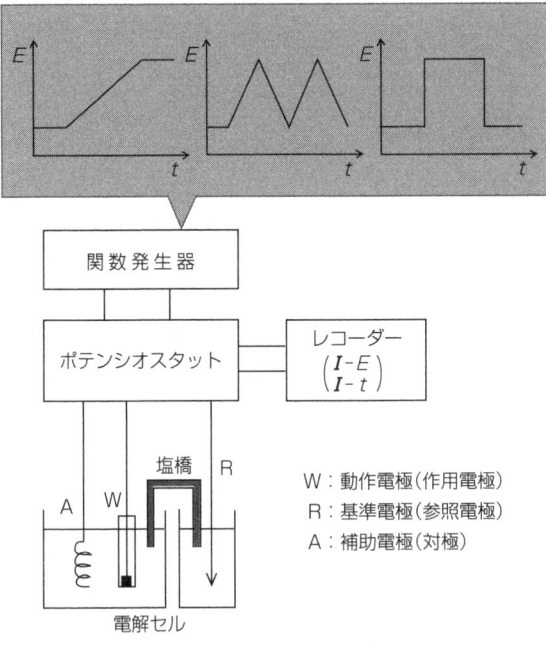

図 6.1 ボルタンメトリーの道具だて

6.2.2 試験溶液

　水または有機液体（アセトニトリルなど．付録⑫参照）を溶媒とし，調べたい物質が電子授受する電位域で安定な電解質（支持電解質）を濃度 0.1〜1 M で溶かす．支持電解質の濃度が高いと，電解液の導電率（8 章参照）が上がって電場が肝心な電極界面にすばやくかかるほか，反応物がイオンの場合はその輸率が下がるため，ほぼ純粋な拡散により電極表面へ輸送される．こうしてつくった電解液に，数 mM 程度の反応物を加える．

　酸素 O_2 が溶けているとその還元電流が妨害になりやすいから，不活性な窒素やアルゴンを吹きこんで溶存酸素を追い出す．また，揮発性の溶媒をつかったときは反応物の濃度変化に注意しよう．

6.2.3 バックグラウンド測定

反応物を溶かす前，支持電解質だけ含む溶液をセットし，溶媒と電解質の酸化還元が起こらないような範囲で電位を走査してみる．

単一の電位をかけたときの挙動は図 1.2 (p.5 参照) で学んだ．電極と電解液の間に電流 (**ファラデー電流**) が流れないため，系は溶液抵抗 R と電気二重層容量 C を直列につないだ回路に等価となり，式(1.2)のように時定数 RC (通常は 0.01 秒台) で二重層の**充電電流**が減衰していく．

しかし電位を図 6.2 (a) のように走査すると，電極にはたえず新しい電位がかかって，二重層の充電が進み続ける．そのため，電流と時間の関係は次の形になる ($v=0$ とすれば式(1.2) に一致)．

$$I = [\{(E_i/R) - vC\}\exp(-t/RC)] + vC \tag{6.1}$$

走査開始の瞬間に E_i/R の電流が流れ，CR の 3 倍も時間がたてば大きさ vC の定常電流となり，電位 E_λ で走査を反転したら電流も反転する．往路と復路を電流-電位曲線 (ボルタモグラム) にまとめれば図 6.2(d) となる．充電電流が走査速度 v に比例するところに注目しよう．

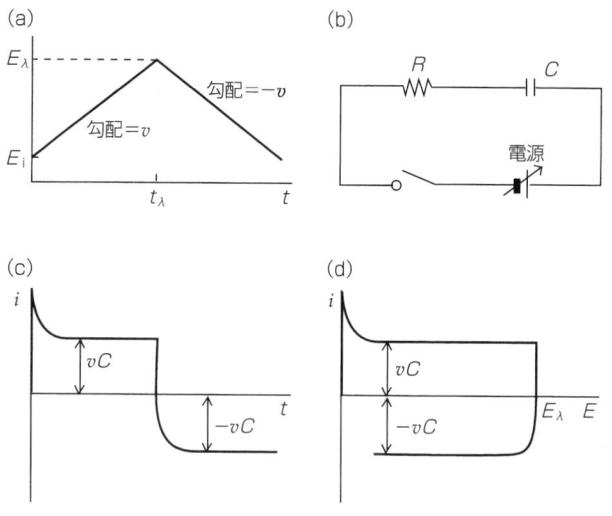

図 6.2 電解質だけ含む溶液のボルタモグラム (充電電流)

現実の測定では，電位とともに静電容量 C が変わったり，不純物の電解電流なども加わったりする．こうした電流を合わせて**残余電流**とよぶ．

以上のような操作（バックグラウンド測定）をすれば，溶媒や支持電解質が分解しない電位範囲とか，溶媒と支持電解質の精製度合い，溶存酸素が除けている度合いなどがわかる．

6.2.4 反応物の測定

いよいよ反応物 R を溶かす．R は次の可逆な電子授受反応をするとしよう．

$$R \rightleftarrows O + ne^- \tag{6.2}$$

電子授受速度は十分に大きく，電位を E にしたとき，電極表面での還元体 R と酸化体 O の濃度が，ネルンストの式

$$E = E^{\circ\prime} + (RT/nF)\ln(c_O/c_R) \tag{6.3}$$

に従って速やかに変わるとする（$E^{\circ\prime}$ は式量電位．p. 48 参照）．

電位域 $E_i \sim E^{\circ\prime} \sim E_\lambda$ の往復で，図 6.3(c), (d) の電流が観測される．

このとき等価回路は図 6.3(b) のようになり，ファラデー電流が抵抗 R_f（反応抵抗）を流れる．R_f は定数ではなく，電流に反比例して変わると考える．

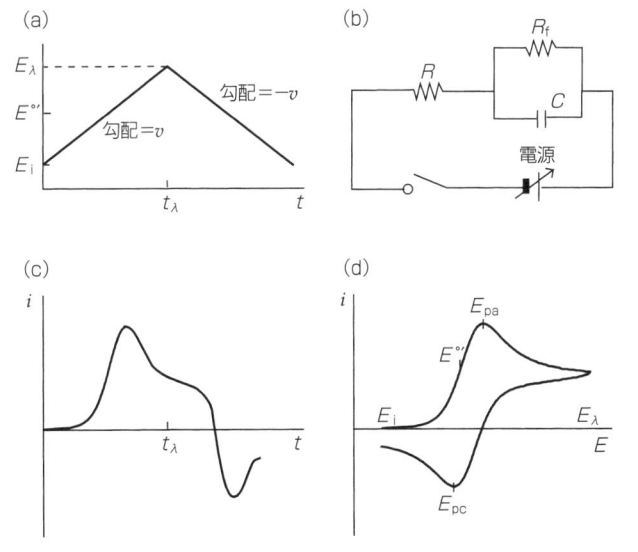

図 6.3 反応物があるときのボルタモグラム

電極電位（基準電極に対する電位差）E は，R_f と C の並列回路にほぼすべてかかるのが望ましい．そのため，電解質濃度を上げ，電極の配置をくふうして溶液抵抗 R を小さくし，動作電極-基準電極間の IR 降下を減らす．

図 6.3(d) のボルタモグラムを以下でくわしく分析しよう．

6.3 ボルタモグラムの解剖

6.3.1 界面で進む現象

式(6.2)の R を含む電解液中で，動作電極 W の電位を $E_\mathrm{i}=E^{\circ\prime}-0.2\,\mathrm{V}$ から $E_\lambda=E^{\circ\prime}+0.2\,\mathrm{V}$ まで走査したら（図6.4），図6.5のボルタモグラムになったとする．

電子授受は十分に速いから，電流値 I はおもに物質輸送で決まり，次のように表せる．

$$I = nFAD_\mathrm{P}|\,\mathrm{d}c_\mathrm{P}/\mathrm{d}x\,|_{x=0} \qquad (\mathrm{P=R\ または\ O}) \qquad (6.4)$$

これを念頭におき，a 点から j 点までの変化をたどってみよう．

(1) a 点

式(6.3) より，$n=1$ なら $c_\mathrm{O}/c_\mathrm{R}\fallingdotseq 4\times 10^{-4}$ なので，ほぼ R だけが存在する．

(2) a 点 → d 点

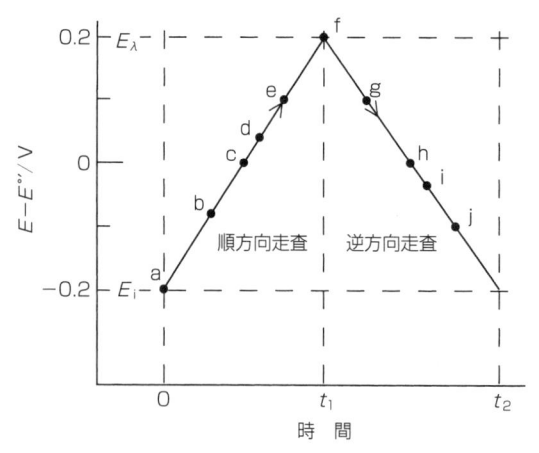

図 6.4 電位走査のプロフィル

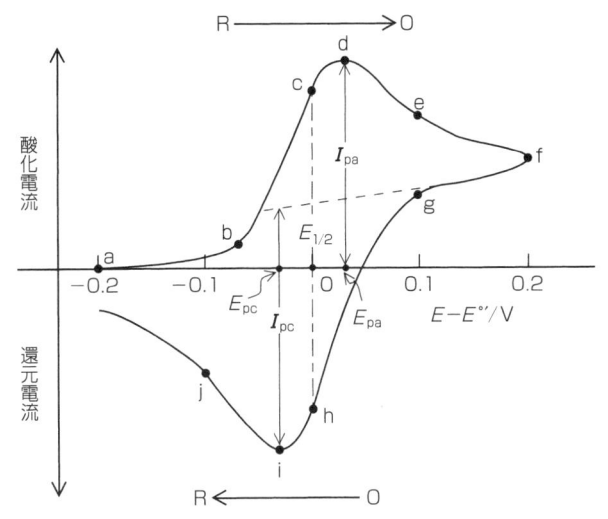

図 6.5 電位走査（図 6.4）が生むボルタモグラム

電極表面の c_R と c_O がネルンストの式 (6.3) に従って変わる. 時間の経過につれて拡散層も広がっていくが, c_R 減少（→ R の濃度勾配の増大）の効きかたのほうが大きいため, 電流 I はほぼ指数関数で増大する. つまり a 点→ d 点の電流値はおおむね電位 E の変化が決めている.

ちなみに, 電位を E_i から b～d 点にステップさせたときの電流は, 次の式で表される.

$$I(t) = nFAD_R c_{Rb}(\pi D_R t)^{-1/2}$$
$$\times [1+(D_R/D_O)^{1/2}\exp\{(nF/RT)(E^{\circ\prime}-E)\}]^{-1} \quad (6.5)$$

(3) d 点→ f 点

e 点の電位 E は式量電位 $E^{\circ\prime}$ より 0.1 V 高く, $n=1$ とした式 (6.3) から $c_O/c_R \fallingdotseq 500$ となるので, 表面の c_R はほぼ 0 とみてよい. こうなると電流は, $c_R=0$ になってからの経過時間だけで決まり, 電位 E にも走査速度 v にも関係しない. 式 (6.5) で考えると, 指数項 $\fallingdotseq 0$ だから右辺 [ ] 内はほぼ 1 となり, 電位ステップ後の電流–時間曲線はコットレルの式 (5.7) に一致する.

このように, ボルタモグラムの姿を決める要因は, 電流ピーク (d 点) あたりを境に一変している.

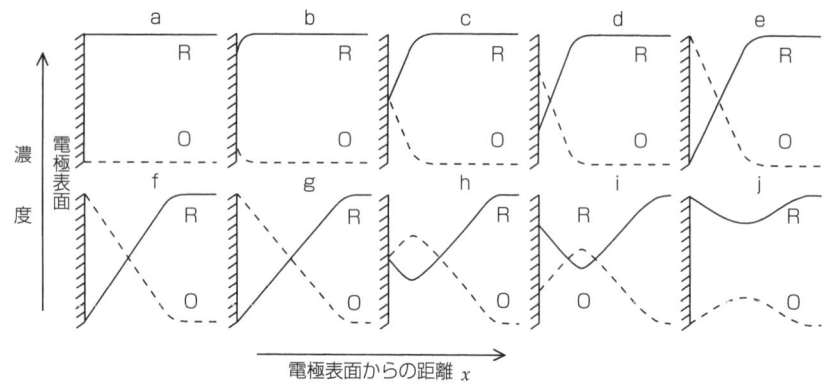

図 6.6 ボルタモグラム（図 6.5）各点の濃度プロフィル

（4） f点→g点

電位を折り返したあとしばらくは上記（3）の続きだから，経過時間とともに拡散層が広がり，電流値が落ちていく．

（5） g点→i点

順方向の走査で生じていた酸化体Oが，ネルンストの式(6.3)に従って還元体Rに戻るため，還元電流が流れる．この電流は，a点→d点の走査と同様，おもに電位 E が決める．

（6） i点→j点→初期電位 E_i

d点→e点→f点の走査を裏返した過程なので，電流値は拡散層の広がりとともに減少していく．

以上の変化は，図 6.6 に描いたRとOの濃度プロフィルが生む．図 6.5 と 6.6 をつきあわせて眺めれば，ボルタモグラムの独特な形が生まれる背景もわかってくるだろう．

6.3.2 ボルタモグラムのもたらす情報

電子授受が十分に速いO/R系のボルタモグラム（図 6.5）では，**酸化ピーク電流 I_{pa}**，**酸化ピーク電位 E_{pa}**，電流が I_{pa} の半分になる電位 $E_{p/2}$，**半波電位 $E_{1/2}$**，**還元ピーク電流 I_{pc}**，**還元ピーク電位 E_{pc}** などを定義できる．これらの値は，反応電子数 n，拡散係数 D（単位 $cm^2\ s^{-1}$），走査速度 v（$V\ s^{-1}$），濃度 c（$mol\ cm^{-3}$）

との間に以下の関係がある．

$$I_{pa} = 0.4463\, nFAc_{Rb}(nF/RT)^{1/2}v^{1/2}D_R^{1/2}$$
$$= 2.69\times 10^5 n^{3/2}Ac_{Rb}v^{1/2}D_R^{1/2} \quad (25°\text{C で}) \quad (6.6)$$
$$E_{pa}/\text{mV} = E_{1/2}+28.5/n \quad (25°\text{C で}) \quad (6.7)$$
$$E_{pc}/\text{mV} = E_{1/2}-28.5/n \quad (25°\text{C で}) \quad (6.8)$$

E_{pa} と E_{pc} の中間電位を半波電位といい，$E_{1/2}$ と書く．$E_{1/2}$ は，ネルンストの式 (6.3) の $E^{o\prime}$ と次の関係にあり，$D_R \fallingdotseq D_O$ なら $E_{1/2} \fallingdotseq E^{o\prime}$ が成り立つ．

$$E_{1/2} = E^{o\prime} - (RT/nF)\ln(D_O/D_R)^{1/2} \quad (6.9)$$

つまりボルタモグラムは，肝心な量 $E^{o\prime}$ の値を教えてくれる．

逆向き走査での挙動は，折り返し電位 E_λ で変わるが，$E_\lambda > E^{o\prime}+0.2\,\text{V}$ なら，酸化ピークと還元ピークの電位差（**ピークセパレーション**）ΔE_p が

$$\Delta E_p/\text{mV} = E_{pa}-E_{pc} = 57/n \quad (25°\text{C で}) \quad (6.10)$$

となる．ΔE_p は**電極反応の可逆性**（p.96 のかこみ参照）を語る量で，$n=1$ の可逆な電子授受なら 57 mV となり，非可逆性が上がるほど増大する．

6.3.3 実例：フェロセンのボルタンメトリー

可逆で速い $n=1$ の電子授受をする代表的な物質フェロセン（ジシクロペンタジエニル鉄．Fc と略）のボルタモグラムを測定してみよう．Fc と Fc$^+$（フェロセニウムイオン）の電子授受平衡は次式に書ける．

$$\text{Fc} \rightleftarrows \text{Fc}^+ + \text{e}^- \quad (6.11)$$

脱水精製したアセトニトリルに 0.1 M の LiClO$_4$（支持電解質）と 1 mM の Fc を溶かし，アルゴンを吹きこんで溶存酸素を除く．動作電極は半径 0.8 mm の Pt 円盤（表面を 0.05 μm 径のアルミナで研磨したのち蒸留水で洗浄し乾燥したもの），基準電極は多孔質ガラスを介した SCE，補助電極は Pt 巻線（表面積が動作電極よりずっと大きいもの）とした．$E_i = +100\,\text{mV}$ と $E_\lambda = +600\,\text{mV}$ の間をさまざまな速度で走査したときのボルタモグラムを図 6.7 に示す．

走査速度 v を上げると，ピーク電流は増加してもピーク電位はほぼ一定にとどまり，$\Delta E_p = 60 \sim 70\,\text{mV}$ となる．これは $n=1$ の可逆電子移動の理論値 59 mV よりやや大きいが，現実の測定では IR 降下の影響を含むので，ほぼ可逆な応答と考えてよい．E_{pa} と E_{pc} の値から $E_{1/2}(\fallingdotseq E^{o\prime}) = +310\,\text{mV}$ vs. SCE となる．

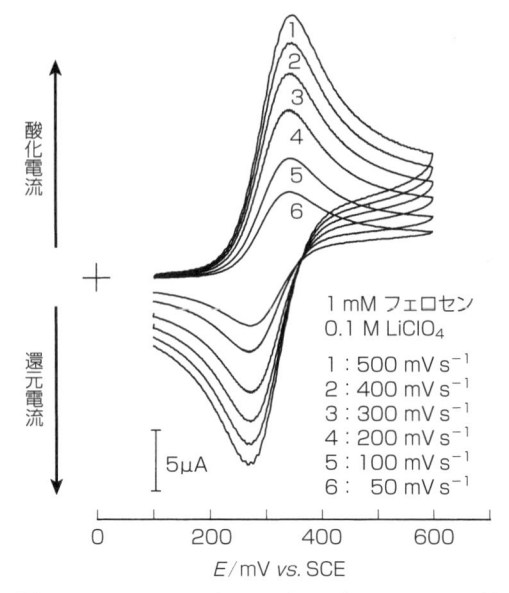

図 6.7 フェロセンのボルタモグラム（アセトニトリル中）

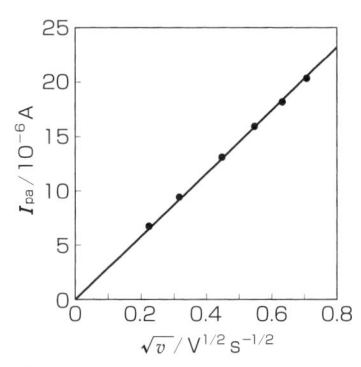

図 6.8 ピーク電流値と走査速度の関係

　v が大きいほど，二重層の充電電流がふえるため，折り返し電位（+600 mV）での波形が鈍くなっている．また，酸化ピーク電流 I_{pa} を走査速度 v の平方根に対してプロットすると，式(6.6) のとおり直線関係が成り立ち（図 6.8），勾配からフェロセンの拡散係数 D が求められる．

6.3.4 非可逆系のボルタモグラム

いままでは電子授受が十分に速い系の話だった.電子授受が遅くなるとボルタモグラムは図 6.5 の形からずれ,走査速度 v を上げるほど E_{pa} は正に,E_{pc} は負に動き,ピークセパレーション ΔE_p がどんどん広がる.

走査速度一定のときは,電子授受の標準速度定数 k_0 が小さいほど,同じ現象が顕著に現れる(図 6.9).これは,電位をある値 E にしたとき,酸化体と還元体の濃度比がすぐにはネルンストの式どおりの値にならず,電位をもっと正にしてようやくその値に達するからである.

溶液抵抗が高いときも,設定電位と真の電極電位が IR 降下分だけずれてくる.走査速度 v を上げるほど,電流値 I が大きくなるから,k_0 が小さいときと同様にボルタモグラムのひずみも大きくなる.

6.4 電極のサイズの効果

6.4.1 微小電極をつかうボルタンメトリー

いままでは暗黙のうちに,電極は cm から mm サイズと考えていた.電極のサイズを極端に小さくすれば,ボルタモグラムはがらりと変わる.

アセトニトリルに溶かしたフェロセンにつき,半径 $r = 10\,\mu m$ の電極(a),$r = 0.8\,mm$ の電極で計測した結果 (b) を図 6.10 にあげた.図(b) はすでに説明した

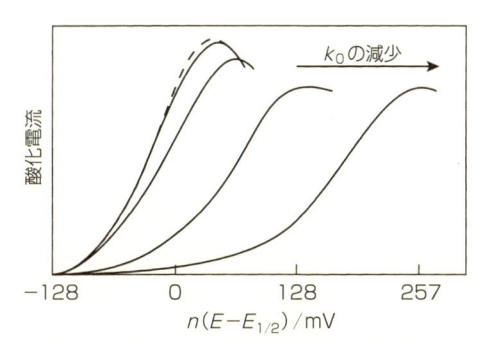

図 6.9 電子授受の標準速度定数 k_0 とボルタモグラムの形(破線が可逆なときの応答)

電極反応の可逆・準可逆・非可逆

サイクリックボルタモグラムが理想形（図6.5で，$n=1$ のとき $\Delta E_\mathrm{p}=57\,\mathrm{mV}$）に近いほど，電子授受は"可逆性が高い"という．可逆の度合いは，電子授受の標準速度定数 k_0（単位 $\mathrm{cm\,s^{-1}}$），電位走査速度 v，反応電子数 n によって決まり，次のような判断基準がある．

可　逆：$k_0 > 0.3(nv)^{1/2}$
準可逆：$0.3(nv)^{1/2} > k_0 > 2\times 10^{-5}(nv)^{1/2}$
非可逆：$k_0 < 2\times 10^{-5}(nv)^{1/2}$

v を通常の値 $1\,\mathrm{mV\,s^{-1}} \sim 10\,\mathrm{V\,s^{-1}}$ とすれば，おおよそ，$k_0 > 10^{-2}\,\mathrm{cm\,s^{-1}}$ なら可逆，$k_0 < 10^{-4}\,\mathrm{cm\,s^{-1}}$ なら非可逆と考えてよい．可逆な応答をネルンスト応答ともいう．

可逆なボルタモグラムだが，図6.10(a) はちがって，電流ピークがなく，正方向走査と逆方向走査の曲線がほぼ同じ道をたどる．これは µm サイズの電極に特有な応答で，そうした電極を**微小電極**とよぶ（p.86 で紹介したポーラログラフィーも，微小な水銀滴が電極だから，図(a) のようなボルタモグラムになる）．

可逆な電子授受反応 (6.2) の場合，微小円盤電極のボルタモグラムは一般に次のようになる．

$E^{\circ\prime}$ より十分に高い電位での電流は**限界電流**（I_lim）といい，その値は

$$I_\mathrm{lim} = 4\,nFD_\mathrm{R}c_\mathrm{Rb}r \tag{6.12}$$

と書ける．$I = 0.5\,I_\mathrm{lim}$ のときの電位を $E_{1/2}$（半波電位）とすれば

$$E = E_{1/2} + (RT/nF)\ln[I/(I_\mathrm{lim}-I)] \tag{6.13}$$

が成り立ち，式(6.12) を代入すると，電流 I と電位 E の関係は

$$I = 4\,nFD_\mathrm{R}c_\mathrm{Rb}r[1+\exp\{(nF/RT)(E_{1/2}-E)\}]^{-1} \tag{6.14}$$

となる．I が走査速度と無関係なところに注目しよう．

以上から，微小電極の可逆なボルタモグラムは次のような特徴をもつ．

① 限界電流 I_lim は，電子数 n，拡散係数 D_R，電極半径 r に比例する

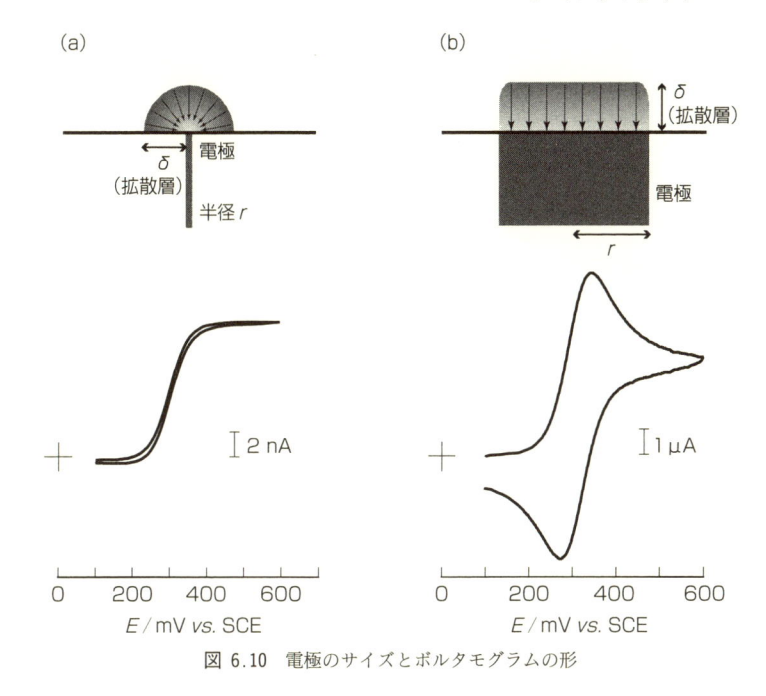

図 6.10 電極のサイズとボルタモグラムの形

② 電流 I は，150 mV ほどのせまい電位範囲だけで変わる
③ 電位 E と $\ln[I/(I_{\lim}-I)]$ は直線関係にあり，その傾きから n がわかる

6.4.2 ボルタモグラムが変わる理由

電極半径を r, 電極表面へ反応物を輸送する拡散層の厚みを δ としよう．大きな電極では $\delta \ll r$ だから，反応物は電極面にほぼ垂直に拡散してくる（線形拡散）．電流は式(6.4)で表され，dx ($\fallingdotseq \delta$) は $(Dt)^{1/2}$ に比例してふえるので，酸化電流も還元電流も，ピークを越えたあと時間とともに減少し，図 6.10 (b) のボルタモグラムとなる．なお電流は電極面積 A に比例する．

かたや微小電極では，電解時間が長い（走査速度 v が小さい）とき，$\delta > r$ の状況になる．拡散層の形は半球に近づくから，反応物は，半球表面から微小電極に向けて収束するように拡散する（放射状＝半球状拡散）．δ が $(Dt)^{1/2}$ に比例して厚くなるのは線形拡散の場合と同じでも，半球の表面積が時間とともにふえるの

微小電極の応用

微小電極には，以下①〜④のような特徴と用途がある．

① **局所分析につかえる**．応用例：動植物の細胞1個に挿入し，光合成産物や神経伝達物質の濃度変化を計測．

② **定常電流となるから解析がやさしい**．応用例：拡散係数の精密測定．

③ **電流が小さいため IR 降下が少ない**．応用例：高抵抗の溶液（支持電解質を含まない溶液，低極性の有機溶媒をつかった溶液），ごく低温の溶液，高分子固体電解質などの中で進む電気化学現象の計測．

④ **充電電流が小さく，高速走査ができる**．応用例：10^4 V s^{-1} までの高速走査による不安定中間体の寿命計測．

で，反応物の供給量が増加していく．電極上の反応（消費）速度には限界があるため，どこかで供給量と反応量（電流）がつりあい，拡散層も電流値も一定になる．このとき拡散層の半径（$c_R = 0.9\, c_{Rb}$ となる点）は，電極半径 r の約 6.5 倍に等しい．

なお，微小円盤電極上の電流は，電極面を均一には流れず，円周に集中しているので，I_l1m が電極面積 A ではなく半径 r に比例する．

6.4.3 時間と空間のからみあい

ボルタンメトリーの挙動には，物質の動きが関係してくる．同じ電子授受系をはかっても，電極の大きさや走査速度でボルタモグラムの形が変わった．似た例としてもう一つ，電位をステップさせたあとの電流が，電極のサイズでどう変わるかを眺めよう．

円盤電極の電位を，還元体 R を十分に酸化できる値にステップさせたとき，微小電極とマクロ（通常）電極の電流-時間曲線を図 6.11 に描いた（こうした測定をクロノアンペロメトリーという）．微小電極では，二重層の充電電流が流れたあと，式(6.12) で表される一定の限界電流が現れる．いっぽうマクロ電極では，コット

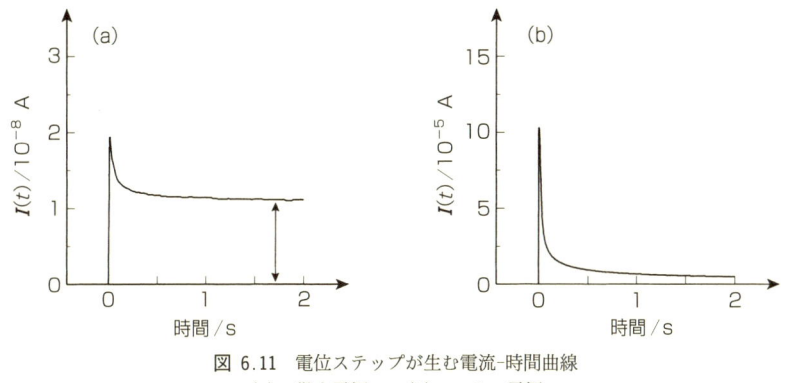

図 6.11 電位ステップが生む電流-時間曲線
(a) 微小電極　　(b) マクロ電極

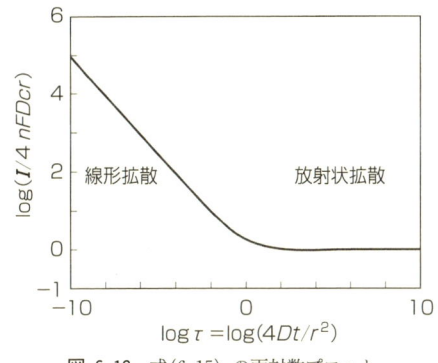

図 6.12 式(6.15) の両対数プロット

レルの式(5.7) に従う電流となる．

このような差は，物質の拡散距離 ($\propto (Dt)^{1/2}$) と電極のサイズ (r) との大小関係が生む．くわしい解析によると，両者の比を表す無次元の量 $\tau = 4Dt/r^2$ をつかえば，円盤電極で現れる電流は，次の共通式で表現できる．

$$I/(4\,nFDcr) = 0.7854 + 0.8862\,\tau^{-1/2} + 0.2146\exp(-0.7823\,\tau^{-1/2})$$
(6.15)

式(6.15) を図 6.12 に描いてある．$\log \tau \ll 0$ のときはコットレルの式(5.7) に一致し，$\log \tau \gg 0$ なら微小電極の限界電流を表す式(6.12) になる．

つまり電気化学系では，拡散係数 D，観測時間 t，電極半径 r をさまざまに変

えたとき，$4Dt/r^2$という量の大きさが似ていれば，電流のふるまいも似てくることになる．

演習問題

以下，温度はすべて 25 °C，反応電子数 n は 1 とする．

6.1 静電容量 C（単位 F）と電位走査速度 v（V s^{-1}）の積が電流（A）になることを確かめよ．

6.2 pH 7 の水溶液に酸素が溶けていると，どんな電位でどのような還元反応が起こるはずか．また，pH が変わると電位はどう変わるか．

6.3 走査速度が $v=50$ mV s^{-1} のバックグラウンド測定で，電流値が 5 μA だった．不純物がないとすれば，二重層の静電容量 C は何 F か．

$$(1\times10^{-4}\text{ F})$$

6.4 式(6.5) で $E=E^{\circ\prime}+0.15$ V のとき，[ ] 内はいくらになるか．$D_R=D_O$ として計算せよ．

$$(1.0029)$$

6.5 可逆な一電子系のボルタンメトリーで，$E_{pa}=+0.345$ V vs. Ag-AgCl が得られた．$D_R=D_O$ として E_{pc} と $E^{\circ\prime}$ を求めよ．

$$(E_{pc}=+0.288\text{ V vs. Ag-AgCl, } E^{\circ\prime}=+0.317\text{ V vs. Ag-AgCl})$$

6.6 図 6.5 で，f 点と g 点の間だけ電位走査したら，電流値は時間とともにどう変わっていくか．

6.7 図 6.8 より，フェロセンの拡散係数 D を計算せよ．円盤電極の半径は 0.8 mm，フェロセンのバルク濃度は 1 mM とする．

$$(2.8\times10^{-5}\text{ cm}^2\text{ s}^{-1})$$

6.8 ボルタンメトリーで，走査速度を上げたら ΔE_p が大きくなった．考えられる原因を二つあげ，それらを区別する方法を考えよ．

6.9 線形拡散の可逆なボルタモグラムで，走査速度を上げたらファラデー電流と充電電流はどのように変わるか．

6.10 図 6.10 のような微小電極のボルタモグラムで，電流 I が限界電流 I_{lim} の 5% から 95% まで変わる電位幅は何 mV か．式(6.13) をつかって見積もれ．

$$(151\text{ mV})$$

6.11 微小電極をつかうと高速走査のボルタンメトリーができる．電極半径 $r=10$ μm，電子授受反応 R=O+e$^-$，還元体のバルク濃度 $c_{Rb}=1$ mM，拡散係数 $D=10^{-5}$

cm² s⁻¹, 電気二重層容量 $C=10^{-5}$ F cm⁻², 走査速度 $v=1\,000$ V s⁻¹ として, ピーク電流 I_{pa} と充電電流の値を見積もれ. 物質輸送は線形拡散と考えてよい. 動作電極と基準電極の間の抵抗 R が 10^5 Ω なら, IR 降下は何 V か. また, $r=1$ mm の電極をつかって同じ測定をしたら, どのような結果になるか (このときは $R=10^3$ Ω とせよ).

($r=10$ μm: $I_{pa}=8.45\times10^{-8}$ A, 充電電流 3.14×10^{-8} A, $IR=0.0116$ V

$r=1$ mm: $I_{pa}=8.45\times10^{-4}$ A, 充電電流 3.14×10^{-4} A, $IR=1.159$ V)

6.12 $D=10^{-5}$ cm² s⁻¹ の拡散律速条件で, $r=1$ mm の電極を用いたとき 1 s 以内に現れる電流-時間曲線は, $r=10$ μm の電極ならどういう時間内の挙動に対応するか. また, $D=10^{-9}$ cm² s⁻¹ のときはどうなるか.

(1×10^{-6} s に対応. $D=10^{-9}$ cm² s⁻¹ のときは 1 s に対応)

6.13 式(6.15)で, $\tau\to\infty$ とすれば右辺の値が 1 となるのを確かめよ.

7 電極表面で起こる現象

- 電極の表面は，どういうイメージの世界なのか？
- 水素や酸素は，どんな経路で発生するのだろう？
- 電極材料は，電極反応速度をなぜ，どのように変えるのか？
- 表面のできごとは，どれほどこまかくわかるようになったか？

7.1 電極反応と表面

　電子授受と物質の変化が起こる電極表面のイメージを考えてみよう．1億倍に拡大すれば，反応分子は直径1cmほどの球（原子）がつながった姿になる．かたや表面にも，似たようなサイズの球が2～3cm間隔で並んでいる．電極反応は，そうした構造をもつ表面を舞台として進む．

　反応分子は，溶液中からやってきて表面原子のどれかにとりつく．それだけで

メタノール分子の大変身

　メタノール CH_3OH の水溶液に浸した白金（陽極）の表面を赤外吸収法で観測したところ，一酸化炭素 CO の分子がびっしり覆っていた．つまりメタノールは，CO と水素原子 H に解離して表面の Pt 原子に吸着する．そうすると，白金電極上で進む"メタノールの酸化反応"は"CO の酸化反応"に等しい．水の酸化や還元の反応物も，表面の原子と相互作用しているはずだから，絶対に"ただの H_2O 分子"ではない．

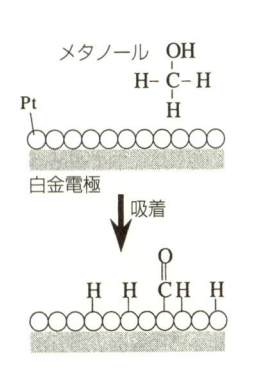

分子内結合が切れ，原子や小分子となって表面原子に吸着するものもある．あるいは，電子授受の結果どこかの結合が切れても，できた原子と表面原子との吸着が強すぎて以後の変化（表面拡散→原子どうしの衝突→分子の形成）が遅く，電圧を上げないと進まない反応もある．

原子それぞれは個性をもつから，"原子・分子の目"で見た電極反応のしくみは複雑になる．見かけは単純な水素発生反応 $2H^+ + 2e^- \longrightarrow H_2$ も，表面原子に吸着した水素原子 H_{ad} (ad＝adsorbed) がからむため，電極の材料に応じて速度が（ときには反応のメカニズムも）がらりと変わる．結合の切断・組み替えを伴う酸素発生反応となれば，複雑さも尋常ではない．

この章では，電極表面で進む現象いくつかをとりあげ，原子や分子の演じる役割を眺めてみよう．

7.2 水素発生反応

7.2.1 電子授受と H_2 分子の生成

酸性水溶液を電解して陰極から水素がでるとき，反応物はいちおうヒドロニウムイオン H_3O^+ と考えてよい（ちなみに，高校では H_3O^+ を"オキソニウムイオン"と教えているが，オキソニウムイオンとは R_3O^+ （R＝H またはアルキル基）の総称だから，少々おかしい）．

まず，電極表面にやってきた H_3O^+ が電子を1個もらい，**吸着水素原子 H_{ad}** ができる．

$$H_3O^+ + e^- \longrightarrow H_{ad} + H_2O \qquad (7.1)$$

このあと水素 H_2 ができる経路は少なくとも二つ考えられる（図7.1）．もう一つの H_3O^+ が一電子還元を受けるのに同期して H－H 結合が生じる経路 (b) と，それぞれ個別にできていた2個の H_{ad} が電極表面でぶつかり，合体して H_2 になる経路 (b′) である．どちらの経路になるかは，電解の条件（電極材料，電流密度，温度，電解液組成……）で変わる．

中性～アルカリ性の電解液では，水分子 H_2O が反応物になるほか，表面で起こる現象も条件によってさまざまとなる．このように，もう百年くらいは研究されてきた水素発生反応も，原子レベルのメカニズムはまだすっきりと説明できる段

(a) 一電子還元で吸着水素原子 H_{ad} ができる

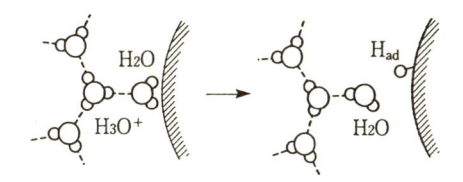

(b) 2度目の一電子還元に同期して H_2 ができる

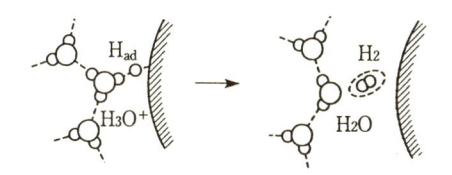

(b′) 2個の H_{ad} が結合して H_2 になる

図 7.1 酸性水溶液中の水素発生反応
((a)→(b) または (a)→(b′) が進む)

階ではない．

ところで図7.1は，H_{ad} が滑らかな表面にのっているかのように描いたが，じつは表面の原子どれかと結合をつくっている．結合の強さは相手（金属原子）の種類でちがうため，次項で紹介するように，電極材料により反応速度が何桁も変わることになる．

7.2.2 電極材料と反応速度

どういう電解条件でも，水素が発生するにはまず吸着水素原子 H_{ad} ができなければいけない．電極が金属 M なら，このとき一種の水素化物 MH が生成すると考えてよい．そして，M−H 結合の強さと水素発生効率の関係は，次のように予想できる．

M−H 結合があまりにも弱いと，肝心の H_{ad} ができにくい．つまり最初の反応(7.1)が起こりにくくて，水素発生の効率も低いだろう．そのいっぽう，M−H 結合が強すぎれば，経路(b)では H_{ad} が表面から離れにくく，経路(b′)なら H_{ad} が

7.2 水素発生反応

表面を拡散しにくいので,どちらにしても水素分子 H_2 はできにくい.そうすると水素発生は,M-H 結合がほどよい強さのとき,いちばん効率よく進むにちがいない.

2章の話から推測できるように,M-H 結合は,金属水素化物 MH の生成ギブズエネルギー $-\Delta_f G°$ が負で絶対値が大きいほど強い.また,水素発生の起こりやすさは,交換電流密度 i_0 (p.64) の大きさが語る.

そこで,水素化物 MH の $-\Delta_f G°$ を横軸,$\log i_0$ を縦軸にしてグラフを描いてみ

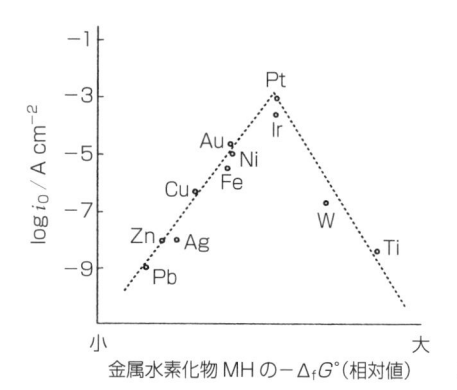

（縦軸：$\log i_0 / \mathrm{A\,cm^{-2}}$，横軸：金属水素化物 MH の $-\Delta_f G°$（相対値），小←→大）

図 7.2 電極材料と水素発生の i_0 値との関係

電気分解で重水をつくる

天然の水素は 0.015% の重水素原子 D を含むから,水中にも H^+ イオンと D^+ イオンがいる.水を電解したときは,H^+ のほうが D^+ よりも還元されやすく,H_2 となって除かれるため,溶液内には D 原子がしだいに濃縮されていく.これを H と D の電解分離といい,分離の度合いを次のような**電解分離率**(separation factor) S という量で表す.

$$S = (発生気体中の H/D 比)/(溶液中の H/D 比) \quad ①$$

S の実測値は約 3 から 8~9 にもなり,電極材料でかなり異なる.電極材料による差は,図 7.1 の経路(b)と経路(b′)のどちらになるかで現れるらしい.それが事実なら,電解分離率 S というマクロな量は,電極表面でできる活性化状態のミクロ構造を反映している.

ると，両者にきれいな関係が見つかる（図 7.2）．i_0 値は，$-\Delta_f G°$ が（つまり M-H 結合の強さ）中間的な金属の上で最大となり，しかも最大値（Pt 電極上）と最小値（Pb 電極上）は 6 桁（百万倍）もちがう．以上の結果は，原子間結合の強さというミクロな量が反応の進みを大きく左右するという現象のわかりやすい一例だといえる．

7.3 酸素発生反応

酸素発生反応は，酸性〜弱アルカリ性の電解液中なら

$$2\,H_2O \longrightarrow 4\,H^+ + O_2 + 4\,e^- \tag{7.2}$$

と簡単に書ける．が，少し考えればわかるとおり，酸素発生は，H_2O 分子の吸着→O-H 結合の開裂→O 原子 2 個の合体→O_2 分子の脱離，という少なくとも四つの段階を通るため，水素発生より格段に複雑となる．

素過程はほかにも考えられ，中間状態の化学形もいろいろあるだろう．また，どの素過程が律速段階になるかは，たとえ電極と電解液が同じでも，温度や電流密度で変わったりするという．そんな事情だから，反応メカニズムは大別しても 10 種類ほど提案されている．

いちばん単純な系として，酸性水溶液中の Pt 電極上で進む酸素発生は，次のような素過程をたどるらしい（□ は表面の活性点．どんな Pt 原子が □ になるかだけでも諸説ある）．

H_2O 分子の吸着　　　　　□ + H_2O ⟶ □-H_2O　　　　　①
一電子酸化：OH_{ad} の生成　□-H_2O ⟶ □-OH + H^+ + e^-　②
O_{ad} の生成　　　　　　　□-OH + □-OH ⟶ □-O + □ + H_2O
　　　　　　　　　　　　　　　　　　　　　　　　　　　　　　　③
　　　　　　（または □-OH ⟶ □-O + H^+ + e^-）
O_{ad} の表面拡散と結合　　□-O + □-O ⟶ □-O_2 + □　④
O_2 分子の脱離　　　　　　□-O_2 ⟶ □ + O_2　　　　　⑤

このうち，Pt 上では ② が律速段階だと思われている．

同じ酸性水溶液中で，似たような貴金属の Rh を電極につかうと，過電圧の低いところで，上記にはない素過程

$$\square-\text{OH} + \text{H}_2\text{O} \longrightarrow \square-\text{OH}-\text{OH}^- + \text{H}^+$$

が律速段階になるという.また,やはり貴金属の Ir を電極につかえば,以上のどれでもない素過程

$$\square-\text{OH} + \square + \text{H}_2\text{O} \longrightarrow \square-\text{O} + \square-\text{H}_2\text{O} + \text{H}^+ + \text{e}^-$$

が律速段階になると主張する人もいる.

中性〜アルカリ性になるとメカニズムの話は一変するし,電極を酸化物や金属錯体にしたら,さらに複雑な素過程が入りこむ.しかもこうした"素過程"は,まだかなりの部分が推測の域をでていない.

7.4 金属のアンダーポテンシャル析出

原子レベル相互作用が生む別の現象として,金属のアンダーポテンシャル析出を紹介しよう.

7.4.1 アンダーポテンシャル析出(UPD)

標準電極電位の表(付録⑦)に $E°(\text{Pb}^{2+}/\text{Pb}) = -0.126\,\text{V}$ $vs.$ SHE という値があり,飽和カロメル電極換算で $-0.367\,\text{V}$ $vs.$ SCE となる(図 3.4 参照).これは,電位を $-0.367\,\text{V}$ より負にしたとき(現実には過電圧があるため,さらに負の電位でようやく)鉛(II)イオンの還元

$$\text{Pb}^{2+} + 2\,\text{e}^- \longrightarrow \text{Pb} \tag{7.3}$$

が始まるという意味だった.

ところが,たとえば銀電極を $\text{Pb}(\text{ClO}_4)_2$ の水溶液に浸して電位を走査すれば,図 7.3 のように,$-0.30\,\text{V}$ $vs.$ SCE をピークとした上下ほぼ対称なボルタモグラムが得られる(宇都宮大学・吉原佐知雄氏提供).曲線を積分すると,流れた電気量は,反応(7.3)で生じる Pb が一原子層だけ電極表面を覆う値になる.このように,"本来の電位に達する手前で起こってしまう"金属イオンの還元を,**アンダーポテンシャル析出**(UPD=underpotential deposition)という.

7.4.2 UPD の起こる理由

$E°(\text{Pb}^{2+}/\text{Pb})$ は,"鉛 Pb の上で Pb^{2+} に電子 2 個が移る"電位を表す.電極が

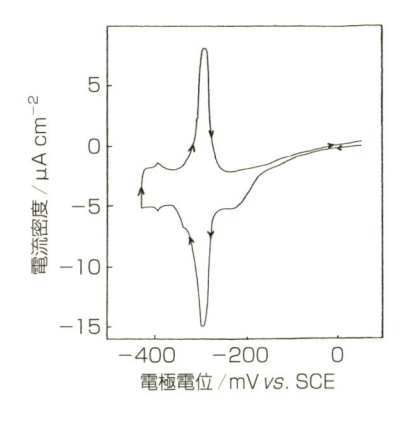

図 7.3 0.01 M Pb(ClO$_4$)$_2$を含む 0.1 M NaClO$_4$水溶液に浸した銀(111)面電極のサイクリックボルタモグラム

Pb ではなく銀 Ag のとき, Pb^{2+}は表面の Ag 原子に吸着して電子をもらう. UPD が起こるのは, "Pb 上の Pb 原子"より"Ag 上の Pb 原子"のほうがエネルギーが低い, つまり安定だからである.

しかし, 表面の Ag 原子すべてに Pb 原子が析出してしまえば, 次にやってきた Pb^{2+}はその Pb 原子層しか見えないため, 電位がずっと負になってようやく還元析出する. すると UPD は, 究極の厚み(一原子層)で自動的に停止する金属めっきだといえる. なお, こうしてできた異種金属上の原子層をアドアトム(ad-atom)とよぶ.

白金 Pt を電極にしたときは, 水素原子 H も UPD を起こし, そのボルタモグラムは, 表面にでている結晶方位に応じてバラエティ豊かな形になる. これはまさに, 表面のミクロ構造が原子間結合(Pt−H 結合)の安定性を左右することの現れとみてよい.

7.5 自己組織化単分子層

7.5.1 相性のよい硫黄と金属

高校の化学でも学ぶように, 金属イオンを含む水溶液に硫化水素 H$_2$S を吹きこめば, 一般に金属と硫黄 S の結合は強いため, 硫化物(PbS, Ag$_2$S, ZnS, ……)が沈殿しやすい. 金属電極の表面でも同じ現象が起こるなら, 表面に一原子層の硫化物をつくれるだろう. ただし無機の硫化物ではおもしろみに欠ける.

チオール基（−SH）をもつ有機物の一群がある．こうした有機物RS−Hで金Auや銀Agの電極表面を処理すると，次の反応で表面の1層だけがチオラートに変わる．このことを，"チオール分子で表面を修飾する"という．

$$RS-H + Au \longrightarrow RS-Au + (1/2)H_2 \qquad (7.4)$$

ギブズエネルギー値は不明だが，RS−H，RS−Au，H−Hの結合エネルギー（それぞれ365，170，436 kJ mol^{-1}）からはじけば，反応(7.4)はエンタルピー変化 $\Delta H° = -23$ kJ の発熱だから，自発的に進むだろう．

表面にできるチオラート結合の強さを反映する事実を一つ紹介しよう．エタンチオール C_2H_5-SH とジスルフィド $C_2H_5-S-S-C_2H_5$ の間には，次の電子授受平衡が成り立つ．

$$2\,C_2H_5-SH \rightleftharpoons C_2H_5-S-S-C_2H_5 + 2\,H^+ + 2\,e^- \qquad (7.5)$$

電極上で右向き反応（チオールの酸化）が進むには，電極の金属原子Mに吸着して C_2H_5S-M の形となった原子団 C_2H_5S が表面を拡散し，別の C_2H_5S とぶつかってS−S結合をつくる必要がある．ところが銀電極をつかうと，左向き反応（ジスルフィドの還元）はすっと進むのに，チオールと電極表面のつくる C_2H_5S-Ag 結合が強すぎて表面拡散が起こらず，右向きには進んでくれない．

7.5.2　単分子層の自己組織化

長鎖アルキル基をもつチオール，たとえばヘキサデカンチオール

$$CH_3-CH_2-CH_2-CH_2-CH_2-CH_2-CH_2-CH_2-CH_2-$$
$$CH_2-CH_2-CH_2-CH_2-CH_2-CH_2-SH$$

で金や銀の表面を修飾すると，疎水性相互作用（ファンデルワールス力）でアルキル基が寄り集まり，一分子層の膜が表面にできる．このような現象を**自己組織化**（自己集合）という．界面活性剤の分子がミセルやリポソームをつくるのも，疎水基の自己組織化にほかならない．

単分子層は表面をすき間なく覆うため，アルカンチオールの場合，表面を疎水性にするほか，アルキル鎖が長いと溶存種-電極間の電子授受を完璧にブロックしてしまう．一例を図7.4にあげた（大阪大学・桑畑　進氏提供）．

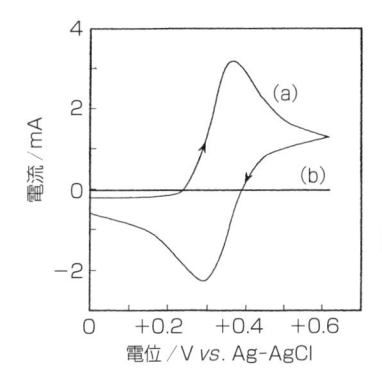

図 7.4 ヘキサデカンチオール HDT の表面修飾による電解電流の消失
（a） 裸の Au 電極
（b） HDT で修飾した Au 電極
反応種は 50 mM の Fe(CN)$_6^{4-}$.

7.6 単分子層の電子授受

電極表面に固定した活性種の単分子層は，どれほどの電解電流を，またどんな形のボルタモグラムを生むのだろうか．

7.6.1 電解電流の大きさ

単分子層をつくる物質の量はずいぶん少ない．まず，電解電流がはかれるのかどうかをあたっておこう．

中型の分子やイオンは，1個の面積が $0.1 \sim 1$ nm^2 だから，電極上の 1 cm^2 (10^{14} nm^2) には $10^{14} \sim 10^{15}$ 個がつく．十分に速い一電子移動が起きるなら，動く電荷の表面密度は最低で 1.6×10^{-19} C $\times 10^{14}$ cm^{-2} = 1.6×10^{-5} C cm^{-2} となる．合計 400 mV の範囲を 100 mV s^{-1} で走査すると 4 秒かかり，平均電流値は 1.6×10^{-5} C cm$^{-2} \div 4$ s = 4×10^{-6} A = 4 μA cm^{-2} なので，はかるのに問題はない（高級な装置をつかうと nA 以下も測定可能．図 6.10 参照）．

7.6.2 ボルタモグラム

酸化体と還元体の表面密度（単位 mol cm^{-2}）をそれぞれ c_O, c_R とすれば，電流 I は次のように書ける．

$$I = nFA(dc_O/dt) = -nFA(dc_R/dt) \tag{7.6}$$

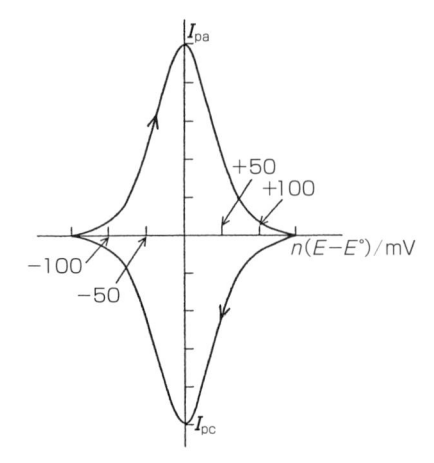

図 7.5 単分子層のサイクリックボルタモグラム

分子は分解しないとして $c_O + c_R = c$（一定）を仮定し，濃度比がネルンストの式に従うなら次式が成り立つ．

$$c_O/c_R = \exp[nF(E-E°)/RT] \tag{7.7}$$

さらに，電位の走査速度を v V s^{-1} として

$$dc_O/dt = (dE/dt)(dc_O/dE) = v(dc_O/dE) \tag{7.8}$$

の関係もつかえば，電流 I が

$$I = \frac{(n^2F^2/RT)vAc\exp[nF(E-E°)/RT]}{\{1+\exp[nF(E-E°)/RT]\}^2} \tag{7.9}$$

と表される．この曲線を図7.5に描いた．電解液に溶けた物質のボルタモグラム（たとえば図6.5）とまったくちがって，酸化電流のピークと還元電流のピークは同じ電位 $E°$ に現れる．

ピーク電流 I_p は，式(7.9)に $E = E°$ を代入して

$$I_p = n^2F^2vAc/4RT \tag{7.10}$$

と表される．溶けた物質のとき（式(6.6)，図6.8）は電位走査速度 v の平方根に比例した I_p が，表面の固定分子では v そのものに比例するところに注意したい．

7.7　表面種の定量：EQCM 法

7.7.1　EQCM の原理

電極表面にどれだけの原子や分子がのったかは，それが電極反応の産物なら電気量からおおむね見積もれるが，できればもっと直接的なデータがほしい．そうした場合に役立つ方法として，1980 年代に開発された**電気化学水晶振動子マイクロバランス**（EQCM＝Electrochemical Quartz Crystal Microbalance）**法**がある．

クオーツ時計につかう水晶振動子は，交流電圧のもと，カット面やサイズで決まった基本周波数 F_0（単位 Hz＝s^{-1}）で共振する．そして，振動子の質量が Δw だけふえると，次式の ΔF s^{-1} だけ共振周波数が下がる．

$$\Delta F = -[2F_0^2/A(\rho\mu)^{1/2}]\Delta w \tag{7.11}$$

　　A：表面積（単位 cm^2）
　　ρ：水晶の密度（25 °C で 2.648 g cm^{-3}）
　　μ：水晶の弾性率（2.947×10^{11} g cm^{-1} s^{-2}）

定数を数値化してはじいてみると，F_0＝5 MHz の AT 面カット水晶振動子をつかった場合，らくにはかれる ΔF＝－1 Hz のとき，単位面積あたりの質量増加 Δw は 17.7 ng cm^{-2} だとわかる．

水晶振動子の両面に金や白金を薄く蒸着して電極にすると，吸着や電解析出に伴う電極表面の質量変化を ng レベルで検知できる．たとえば 10 ng は，電析した銅 Cu のおよそ 10^{14} 原子にあたり，電極面積が 1 cm^2 なら被覆率はわずか 10% 程度でしかない．

7.7.2　EQCM の応用例

いままで EQCM 法は，分子・イオンの吸着量，金属電極表面の酸化物形成，アンダーポテンシャル析出（UPD）した異種金属の定量などに広くつかわれ，有用さが実証されてきた．

一例として図 7.6 に，金(111)面単結晶電極上，CuSO$_4$ 水溶液中で進む銅 Cu の UPD を，サイクリックボルタンメトリーと EQCM 法で追いかけた結果を示す

7.7 表面種の定量：EQCM法

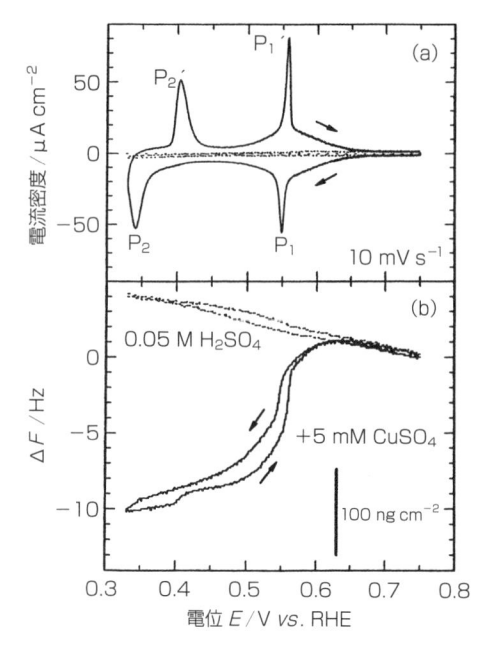

図 7.6 金(111) 面単結晶電極への銅の UPD を示す
（a） ボルタモグラム
（b） EQCM 信号

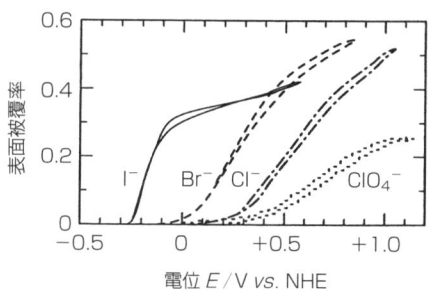

図 7.7 EQCM 法で求めた金(111)電極上の陰イオンの被覆率
電解液は 1 mM KX (X＝I, Br, Cl) または 0.1 M $HClO_4$.

（山梨大学・渡辺政廣，内田裕之氏提供．図 7.7 も同じ）．

共振周波数は，+0.65 V 付近から始まる UPD に伴って低下し（質量増加），アドアトムが酸化溶解すると初期値に戻る．ΔF 値から計算される質量増加 Δw は，電流の積分値に相当する値よりもかなり大きい．これは陰イオン HSO_4^- が共吸着するためで，その補正を行ったところ，UPD 完了時（還元ピーク P_2）で Cu の被覆率は予想どおり 1 となった．

もう一つ，酸性〜中性水溶液中で金(111)電極表面に吸着する陰イオンの被覆率が，図7.7のように求められた．陰イオンが吸着すると，水和水 H_2O も共吸着するため，その寄与を補正してある．図7.7の値は，次項で紹介するSTM観察（I^-），クーロメトリー（Br^-, Cl^-），赤外吸収測定（ClO_4^-）の結果によく一致したという．

7.8　電極表面を見る：電気化学STM

電極に吸着した原子・分子・イオンは，ボルタンメトリーやEQCMで量の見当はついても，まだ"見えた"とはいえない．ありのままの表面を"見る"のは電気化学研究者の夢だった．その夢をかなえたのが，1970年代末に生まれた**走査トンネル顕微鏡**（STM＝Scanning Tunnel Microscope）である．

7.8.1　STMの原理

鋭くとがった導体（探針）の先端を表面に近づけ，探針-表面間に電圧をかけたとき，距離がほぼ1 nmを切ると間隙に電流（トンネル電流）が流れ，その大きさは距離の指数関数になる．探針は圧電素子に固定し，圧電素子の駆動電圧から探針の"浮き沈み"がわかるようにしておく．トンネル電流値を一定に保ったまま探針を面内で走査（スキャン）すれば，時々刻々と変わる圧電素子の駆動電圧から，表面の凹凸像がつくれる．

原子サイズ以下の空間分解能を誇るSTMは，1980年代から電気化学系にも応用され，とりわけ単結晶表面の観測に威力を発揮している．

吸着原子は，下地金属の格子に対し特有なパターンをつくることが多い．そのパターンは，単位格子の辺長（下地金属の何倍か）と，吸着原子の配向（下地の

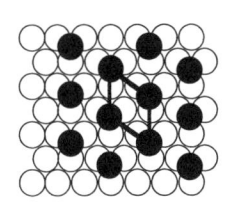

図7.8　（$\sqrt{3} \times \sqrt{3}$）R 30°の吸着層
●吸着原子，○下地金属原子．ひし形は吸着原子の単位格子．

並びからいくら傾いているか)で表す．たとえば図7.8の吸着層は，単位格子の辺長が両軸とも下地の$\sqrt{3}$倍あり，下地格子から30°だけ傾いているため（$\sqrt{3} \times \sqrt{3}$) R 30°と表現する（R は rotation＝回転）．

7.8.2 STM 観測の例

単結晶金属電極表面の STM 観測によって得られた成果の一部を以下で紹介しよう（データはいずれも東北大学・板谷謹悟氏提供）．

（ⅰ）**貴金属表面の SO_4^{2-} と H_2O**　希硫酸（0.05 M）に浸したイリジウム Ir (111)電極の表面で図7.9(a)の STM 像が得られた．矢印の向きに（$\sqrt{3} \times \sqrt{7}$）という特異な格子をつくって並ぶ明るいスポットは，吸着した硫酸イオン SO_4^{2-}（または硫酸水素イオン HSO_4^-）らしい．

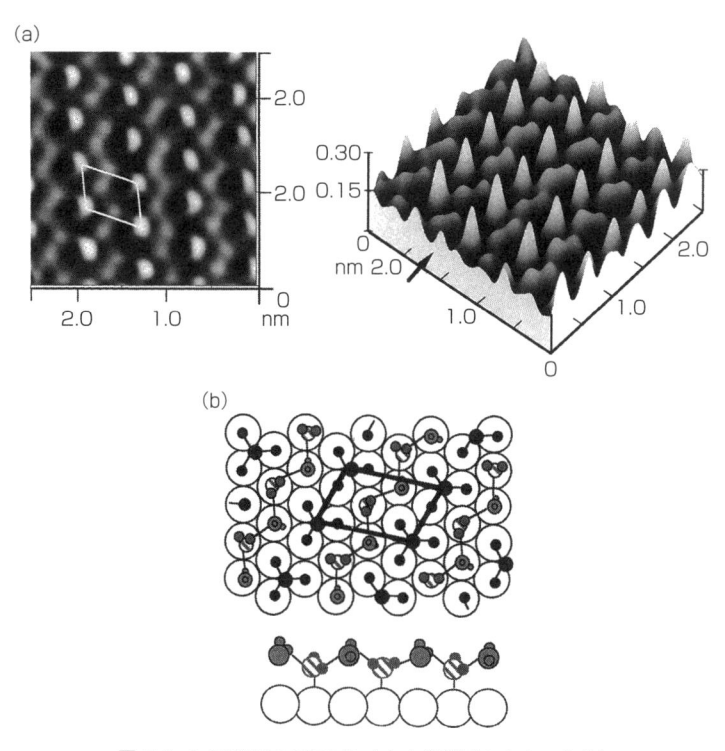

図7.9　Ir(111)面の STM 像（a）と吸着層のイメージ（b）

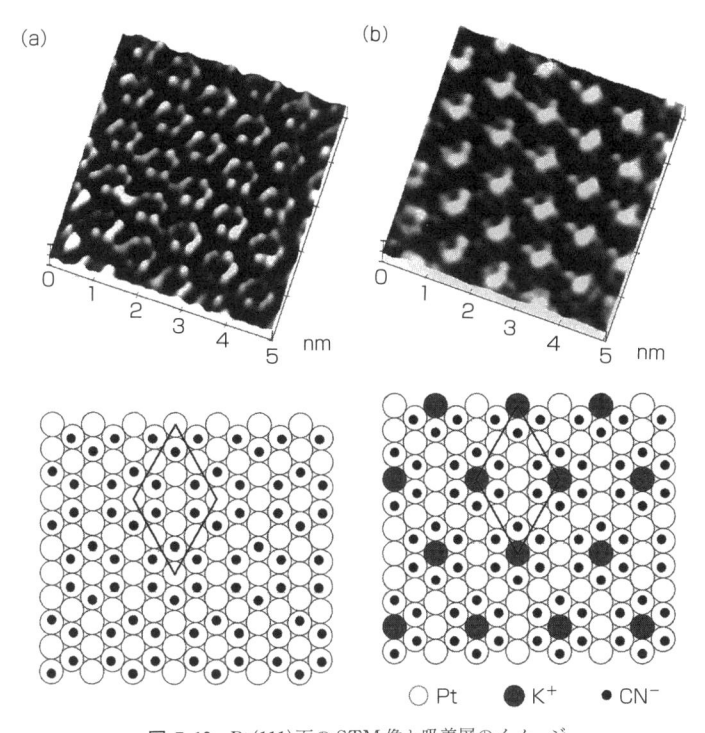

図 7.10　Pt(111)面の STM 像と吸着層のイメージ

　列の中間に見える弱いスポットは，硫酸イオンと共吸着し，図 7.9(b) のように水素結合した水分子 H_2O だと推測されている．同様なパターンは Pt(111), Au(111), Pd(111), Cu(111) などの上でも現れた．電極表面に吸着した H_2O 分子を直接観察した例はまだなく，今後の研究でさらに確認できれば，電気二重層の実体にも迫れるだろう．

　(ii)　Pt(111) 上の CN⁻ と K⁺　　0.1 M $KClO_4$ + 0.1 mM KCN 中，Pt(111) 表面の STM 像は電位 -0.6 V $vs.$ SCE で図 7.10(a) となった．六つのスポット (CN⁻) が環状に並んで $(2\sqrt{3} \times 2\sqrt{3})$ R 30° 構造をなす．電位を -0.3 V にしたら STM 像は図(b) のように変わり，環それぞれの中央に現れた丸いスポットはカリウムイオン K⁺ と推定されている．

7.9 まとめ

以上のように，電極-電解液界面には多様なアプローチが行われ，こまかい知見も集まってきた．STM や AFM（Atomic Force Microscope＝原子間力顕微鏡）を駆使した研究の成果に期待したい．

演習問題

7.1　交換電流密度 i_0 が6桁ちがうとき，$\alpha=0.5$, $n=2$ としたターフェルの関係が成り立てば，過電圧には何 V の差があるか．式(4.14)から見積もってみよ．

(0.354 V)

7.2　酸素発生の素過程 ①〜⑤ (p.107) を足しあわせれば $2\,H_2O \longrightarrow 4\,H^+ + O_2 + 4\,e^-$ になることを確かめよ．

7.3　一般にアンダーポテンシャル析出 (UPD) では，より貴な金属の上に，より卑な金属が析出する．なぜだろうか．

7.4　白金単結晶の (100) 面には，Pt原子が間隔 2.77 Å の正方格子をつくってならんでいる（$1\,\text{Å}=10^{-8}\,\text{cm}$）．表面は完全に平滑とし，銅 Cu と水素 H の UPD で表面の $1\,\text{cm}^2$ あたりに流れる電気量の最大値を計算せよ．

(4.17×10^{-4} C, 2.09×10^{-4} C)

7.5　反応(7.4)の $\Delta H°$ が -23 kJ となるのを確かめよ．

7.6　金の単結晶 (111) 面をヘキサデカンチオール HDT で修飾し，STM 観察したところ，HDT 分子は原子間距離ほぼ 5.0 Å の六方最密格子をつくっていた．表面 $1\,\text{cm}^2$ あたりの分子数はいくらか．

(4×10^{14} 個)

7.7　式(7.9)を導いてみよ．

7.8　占有面積 $100\,\text{Å}^2$ の分子で $1\,\text{cm}^2$ の電極表面がびっしり覆われているとき，$v=100\,\text{mV s}^{-1}$ の電位走査をしたらピーク電流はいくらか．一電子反応として計算せよ．

(1.6×10^{-5} A)

7.9　$F_0=5$ MHz，面積 $1\,\text{cm}^2$ の水晶振動子電極の表面に 10^{15} 個の I^- イオン（原子量 126.9）が吸着したら，ΔF は何 Hz になるか．

(-11.9 Hz)

7.10 希硫酸中で面積 1 cm² の水晶振動子つき金電極に銅をアンダーポテンシャル析出させたところ，流れた電気量は 200 μC，周波数低下に対応する質量増加は 166 ng だった．このとき，Cu 原子 1 個あたり何個の HSO_4^- イオンが共吸着したか．

(1 個)

8 電解液

- 物質の導電率とは，どのような量だろうか？
- 電解液の導電性は，どう表せばわかりやすいだろう？
- 濃度で導電率が変わる現象は，何を語っているのか？
- イオンの動きやすさは何が決めるのだろう？

8.1 物質の導電率

電気化学の世界には，金属電極のように電子が電気を運ぶ**電子伝導体**と，電解液（電解質溶液）のようにイオンが電気を運ぶ**イオン伝導体**が登場する．1章でも述べたとおり，電気化学の本質をなす電子移動は，まさに電子伝導体とイオン伝導体の界面でくり広げられる．

電子伝導体もイオン伝導体も，電気の伝えやすさは，導電率という共通の尺度で比較できる．

8.1.1 導電率とその表現

物質の**導電率** κ（単位 $S\ cm^{-1} = \Omega^{-1}\ cm^{-1}$．S はジーメンスとよぶ）は

$$\kappa = \sum_i N_i Q_i u_i \tag{8.1}$$

とかける．N は単位体積に含まれるキャリヤー（電気の運び手）の数（cm^{-3}），Q はキャリヤー1個の電気量（電子や1価イオンなら 1.6×10^{-19} C）を表す．また u はキャリヤーの**移動度**といい，単位電界（$1\ V\ cm^{-1}$）をかけたときの移動速度（$cm\ s^{-1}$）なので，単位は $cm\ s^{-1}/(V\ cm^{-1}) = cm^2\ V^{-1}\ s^{-1}$ となる．添字 i は，複数種のキャリヤー（たとえば硫酸中の H^+，HSO_4^-，SO_4^{2-}）を区別するのにつかう．つまり式(8.1)は次のことを語る．

> "物質の導電率は，キャリヤーの密度と，キャリヤー1個の電気量，キャリヤーの動く速さに比例する．"

8.1 物質の導電率

表 8.1 いろいろな物質の導電率（室温付近）

	物質の例	κ/S cm^{-1}
電子伝導体	金属（Cu, Ag, Pt など）	$10^5 \sim 10^6$
	黒鉛（$a \cdot b$ 軸方向）	10^3
	（c 軸方向）	10
	半導体（Si, Ge など）	$10^{-5} \sim 10^{-2}$
イオン伝導体	電解質水溶液（NaCl, H$_2$SO$_4$ など）	$10^{-2} \sim 10^{-1}$
	有機電解液（LiClO$_4$ のプロピレンカーボネート溶液など）	$10^{-3} \sim 10^{-2}$
	溶融塩（融点以上の温度で）	$10^{-2} \sim 10^{-1}$
	エーテル系高分子固体電解質	$10^{-5} \sim 10^{-4}$
絶縁体	汎用ガラス	$<10^{-10}$
	汎用セラミックス	$<10^{-12}$
	汎用ポリマー	$<10^{-15}$

ちなみに，中学や高校で学んだオームの法則（電流∝電圧）は，キャリヤーの移動度が電界（電場）に比例するという事実を表している．

8.1.2 導電率の広がり

物質の導電率は，さまざまな物性値のうちでも広がりがいちばん大きい．なにしろ超伝導体の κ は文字どおり無限大だし，絶縁体のテフロンは $\kappa<10^{-20}$ S cm^{-1} ときわめて小さい．代表的な電子伝導体，イオン伝導体，絶縁体の導電率を表 8.1 にあげた．

金属のような電子伝導体と，電解液のようなイオン伝導体では，導電率 κ の値が 6〜7 桁もちがう．このちがいはどこから来るのだろうか．

キャリヤーの密度は，金属が $10^{22} \sim 10^{23}$ cm^{-3} 程度，1 M の NaCl 水溶液が（完全解離として）10^{21} cm^{-3} 程度だから，差はせいぜい 2 桁しかない．すると，κ のちがいはキャリヤー移動度（電子 $10^2 \sim 10^3$ cm^2 V^{-1} s^{-1}，イオン 10^{-4} cm^2 V^{-1} s^{-1}）に由来するだろう．たしかに移動度の値をみると，1 V cm^{-1} の電界をかけたとき，1 秒間に電子は 1〜10 m も動けるのに，イオンは 1 µm ほどしか動けない．新幹線とカタツムリくらいの差になる．

8.1.3 電子伝導体とイオン伝導体の出合い

電気化学現象は，おもに電子伝導体とイオン伝導体が出合ったところに生まれ

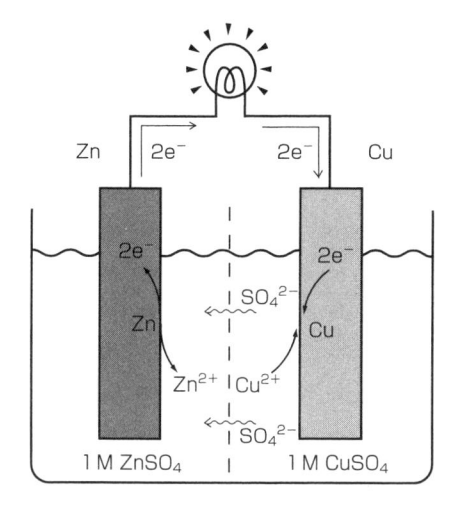

図 8.1 銅-亜鉛電池

る．例として図 8.1 の銅-亜鉛電池（ダニエル電池）を眺めよう．

負極室（左）は，電子伝導体の亜鉛をイオン伝導体の $ZnSO_4$ 水溶液に浸してあり，界面では電子授受平衡 $Zn^{2+} + 2e^- = Zn$ ($E° = -0.763$ V $vs.$ SHE) が成り立つ．また正極室（右）は，電子伝導体の銅をイオン伝導体の $CuSO_4$ 水溶液に浸し，平衡 $Cu^{2+} + 2e^- = Cu$ ($E° = +0.337$ V $vs.$ SHE) が成立している．

負荷を介して両極を電子伝導体でつなぐと，電子エネルギーの高い亜鉛極から銅極のほうへ電子が動き，負極で $Zn \to Zn^{2+}$ の溶出，正極では $Cu^{2+} \to Cu$ の析出が進む．そのとき負極室の Zn^{2+} 濃度がふえ，正極室の Cu^{2+} 濃度が減るから，電荷のバランスをとるために SO_4^{2-} イオンが隔膜（陰イオンを通しやすい膜）を通って正極室から負極室に移動し，電流のループができる．

電極内でも外部回路中でも，電子は新幹線なみの速度で動く．したがって，電池からとり出せる電流は，それぞれの電極で進む電子授受の速さ（4, 5 章参照）と，電解液（＋隔膜）の導電率で決まる．また電解液の導電率は，電気分解のエネルギー効率をも左右する．

8.1.4 電解液のイオン導電率の測定

長さ l cm，断面積 A cm^2 の電解液がもつ抵抗 R Ω は，l に比例し，A に反比例する（図 8.2）．比例係数 ρ を**比抵抗**（単位 Ω cm）という．

8.1 物質の導電率

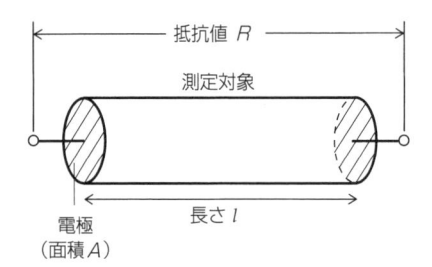

図 8.2 電気抵抗のはかりかた

$$R = \rho(l/A) \quad (8.2)$$

比抵抗の逆数が導電率 κ で，次のように書ける．

$$\kappa = (l/A)/R \quad (8.3)$$

電解液の抵抗は必ず交流電源ではかる．直流だと，電圧はおもに電極と電解液の界面（電気二重層）にかかって（図1.2），電解液そのものにはかかってくれない．市販の導電率測定装置では，1 kHz程度の周波数で交流抵抗（インピーダンス）をはかる．もっと精密な測定には，周波数を変化させながらインピーダンスをはかって分極の影響を除く方法（複素インピーダンス法）や，**コールラウシュ**(Kohlrausch)**ブリッジ**という交流回路を利用した方法などをつかう．電極にはふつう，白金めっきした白金を用いる．

溶液の抵抗値から式(8.3)をつかって κ を求めるには，電極面積 A と極間距離 l を正確に知る必要がある．しかし A や l を正確にはかるのはむずかしいので，導電率が精度よくわかっている標準液の抵抗値をはかって**セル定数** K_{cell} ($=l/A$) を決めたあと，試料溶液の抵抗 R から次式で導電率を計算する．

$$\kappa = K_{cell}/R \quad (8.4)$$

標準液につかうKCl水溶液の導電率を表8.2に示した．導電率は温度で変わるため，正しく測定するには温度を精密に制御しなければいけない．

表 8.2 KCl 標準水溶液の導電率 κ

濃度（真空中で秤量）(g-KCl/kg-H$_2$O)	κ/S cm^{-1}		
	0 °C	18 °C	25 °C
75.5829	0.0065144	0.09782	0.11132
7.47458	0.007134	0.011164	0.012853
0.745819	0.0007733	0.0012202	0.0014085

黒い白金

純水 100 mL にヘキサクロロ白金(IV)酸 H_2PtCl_6 約 3 g と酢酸鉛(II) 20〜30 mg を溶かし,白金線(板)を陰極にして電解すれば,白金が微粒子の形で表面に析出し,漆黒の白金めっきができる.これを白金黒という.白金黒をつけたときには電極の比表面積が1 000倍以上にふえる.

電極の比表面積がふえると,① 大きな電流が流せて,② 一定の電流値なら電流密度を小さくできる.① は 3 電極系の対極にふさわしい(p. 86).また ② は,標準水素電極 SHE の白金電極(p. 41)とか,導電率測定セルの白金電極など,分極させたくない電極に望ましいため,こうした電極はふつう白金黒にしてつかう.

8.2 電解液のモル導電率と輸率

8.2.1 モル導電率

以下では,それぞれ 1 種類だけの陽イオンと陰イオンからできた電解質を考え,**陽イオンは添字 1,陰イオンは添字 2** で示す.

まず,式(8.1)をイオン伝導の場合に書き直そう.イオンの価数の絶対値を z,イオンの濃度を c(単位 mol cm^{-3}),移動度を u とすれば,F をファラデー定数として次のようになる.

$$\kappa = F(z_1 c_1 u_1 + z_2 c_2 u_2) = \kappa_1 + \kappa_2 \tag{8.5}$$

いっぽう,κ を電解質の濃度 c で割った値,つまり電解質濃度 1 mol cm^{-3} あたりの導電率を**モル導電率**(単位 S cm^2 mol^{-1})といい,記号 Λ で示す.

$$\Lambda = \kappa/c \tag{8.6}$$

式(8.5)中の c_1 と c_2 は解離したイオンの濃度,式(8.6)中の c は溶かした電解質の濃度であることに注意したい.

各イオンのモル導電率を次のように定義する.

$$\lambda_1 = \kappa_1/c_1 = z_1 F u_1, \quad \lambda_2 = \kappa_2/c_2 = z_2 F u_2 \tag{8.7}$$

すると Λ と λ は次の式で結びつく．

$$\Lambda = (1/c)(c_1\lambda_1 + c_2\lambda_2) \tag{8.8}$$

8.2.2 輸率

イオンが運ぶ全電気量のうち，特定のイオンが運ぶ割合をそのイオンの**輸率**といい，t で表す．たとえば陽イオンの輸率 t_1 は次のように書ける．

$$\begin{aligned}t_1 &= \kappa_1/\kappa = z_1Fc_1u_1/(z_1Fc_1u_1 + z_2Fc_2u_2) \\ &= c_1\lambda_1/(c_1\lambda_1 + c_2\lambda_2)\end{aligned} \tag{8.9}$$

当然ながら，イオンの輸率については $t_1 + t_2 = 1$ が成り立つ．

8.3 モル導電率と濃度の関係

8.3.1 実測データの例

NaCl 水溶液と酢酸水溶液について，モル導電率 Λ と濃度の関係を図 8.3 に描いた．NaCl の Λ は変化が小さく，濃度の平方根に対しほぼ直線で変わるのに，酢酸は Λ が濃度の平方根に反比例する趣で激しく変わっている．この差はどこから来るのだろうか．

NaCl も酢酸も 1 価の 1：1 電解質（$z_1 = z_2 = 1$）だから，式(8.7) と (8.8) よ

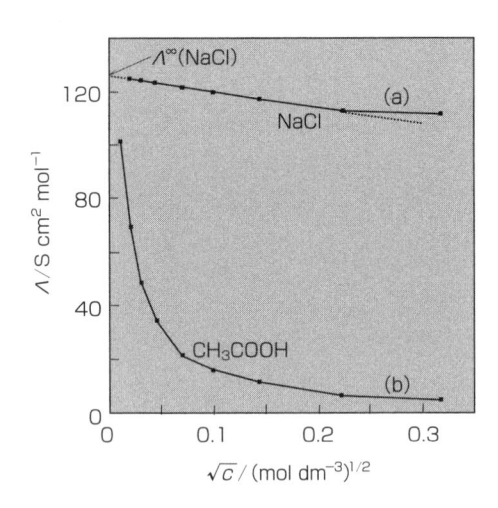

図 8.3 NaCl 水溶液と酢酸水溶液のモル導電率（25 °C）

り，溶液のモル導電率は次の形に書ける．

$$\Lambda = (c_1/c)\lambda_1 + (c_2/c)\lambda_2 = F[(c_1/c)u_1 + (c_2/c)u_2] \quad (8.10)$$

そうするとΛの濃度依存性は，電解質の電離度（$c_1/c = c_2/c$）か，イオンの移動度uの濃度依存性を反映しているにちがいない．

8.3.2 強電解質

NaClは**強電解質**（完全解離型）で，$c_1 = c_2 = c$としてよいから，式(8.10)は

$$\Lambda = \lambda_1 + \lambda_2 = F(u_1 + u_2) \quad (8.11)$$

となる．一般に，価数z_1の陽イオンn_1個と，価数の絶対値z_2の陰イオンn_2個からなる電解質のモル導電率は次式に書ける（$z_1 n_1 = z_2 n_2$をつかった）．

$$\Lambda = n_1\lambda_1 + n_2\lambda_2 = F(n_1 z_1 u_1 + n_2 z_2 u_2) = F n_1 z_1 (u_1 + u_2) \quad (8.12)$$

濃度が変わったとき，式(8.12)で変わる可能性があるのは移動度uなので，次のことがいえる．

　　　"強電解質では，濃度が変わったとき，イオンの移動度が変化するからモル導電率が変わる．"

8.3.3 無限希釈モル導電率

コールラウシュは，強電解質の薄い溶液ではモル導電率Λと濃度cが次の関係にあることを実験で見つけた（Aは定数）．

$$\Lambda = \Lambda^\infty - A c^{1/2} \quad (8.13)$$

Λ^∞は，Λと$c^{1/2}$の直線部分を$c \to 0$に外挿(がいそう)した値で，**無限希釈モル導電率**という．無限希釈という理想条件では，どんな電解質も完全解離し，イオンどうしの相互作用も無視できるから，イオンはそれぞれ固有の速度で動く．そのときイオンは，無限希釈モル導電率（λ_1^∞, λ_2^∞）と，対応する移動度（u_1^∞, u_2^∞）をもつと考えてよい．一般的な電解質については次式が成り立つ．

$$\Lambda^\infty = n_1\lambda_1^\infty + n_2\lambda_2^\infty = F n_1 z_1 (u_1^\infty + u_2^\infty) \quad (8.14)$$

酢酸のような弱電解質（次項）は，Λと$c^{1/2}$が直線関係にないためΛ^∞を実測できないが，無限希釈でイオンは独立に動くから（**イオン独立移動の法則**），別の電解質を組み合わせて求めた$\lambda^\infty(\mathrm{H}^+)$と$\lambda^\infty(\mathrm{CH_3COO^-})$から$\Lambda^\infty$を計算できる．

いくつかのイオンについて無限希釈モル導電率を表8.3に示した．1種類の電

8.3 モル導電率と濃度の関係

表 8.3 イオンの無限希釈モル導電率の例 (25 ℃の水溶液中)

陽イオン	(λ_1^∞/z_1)/S cm² mol⁻¹	陰イオン	(λ_2^∞/z_2)/S cm² mol⁻¹
H⁺	350.0	OH⁻	199.2
Rb⁺	77.3	$(1/3)[Fe(CN)_6]^{3-}$	100.9
Cs⁺	77.0	$(1/2)SO_4^{2-}$	80.0_2
K⁺	73.5_0	Br⁻	78.1_3
NH₄⁺	73.5	I⁻	76.9_8
Ag⁺	62.1	Cl⁻	76.3_2
$(1/2)Ca^{2+}$	50.7	NO₃⁻	71.4_1
Na⁺	50.1_0	$(1/2)CO_3^{2-}$	69.3
$(1/2)Mg^{2+}$	44.9	ClO₄⁻	67.2
Li⁺	38.7_8	F⁻	55.4_2
$N(C_2H_5)_4^+$	32.1_4	HCOO⁻	54.5_9
$N(C_4H_9)_4^+$	19.3_3	CH₃COO⁻	40.9_0

解質だけ含む溶液なら，無限希釈における陽イオンの輸率 t_1^∞ は次のように表される (陰イオンの輸率 t_2^∞ は $1-t_1^\infty$ に等しい).

$$t_1^\infty = n_1\lambda_1^\infty/(n_1\lambda_1^\infty + n_2\lambda_2^\infty) = u_1^\infty/(u_1^\infty + u_2^\infty) \tag{8.15}$$

8.3.4 弱電解質

弱電解質 BA は，わずかに電離して平衡になっている．

$$\mathrm{BA} \rightleftarrows \mathrm{B}^+ + \mathrm{A}^- \tag{8.16}$$
$$(1-\alpha)c \quad \alpha c \quad \alpha c$$

α は濃度 c のときの電離度で，$c_1/c = c_2/c = \alpha$ だから，式 (8.10) よりモル導電率は次のように書ける．

$$\Lambda = \alpha(\lambda_1 + \lambda_2) = \alpha F(u_1 + u_2) \tag{8.17}$$

無限希釈では弱電解質も $\alpha=1$ となるので，次式が成り立つ．

$$\Lambda^\infty = \lambda_1^\infty + \lambda_2^\infty = F(u_1^\infty + u_2^\infty) \tag{8.18}$$

式 (8.17) を式 (8.18) で割ると次のようになる．

$$\Lambda/\Lambda^\infty = \alpha[(\lambda_1+\lambda_2)/(\lambda_1^\infty+\lambda_2^\infty)] = \alpha[(u_1+u_2)/(u_1^\infty+u_2^\infty)] \tag{8.19}$$

弱電解質の場合，ふつうの濃度範囲では電離度がたいへん小さく，イオンのモル導電率 λ も移動度 u も無限希釈のときとそれほど差はないため，[ ] 内の項は1とみてよい．つまり次式が近似的に成り立つだろう．

表 8.4 モル導電率 Λ から求めた酢酸の電離度 α と解離定数 K_a (25 °C)

[CH$_3$COOH]/M	Λ/S cm^2 mol^{-1}	α	$10^5 K_a$/M
0	390.71	1.0	——
0.0005	67.8	0.174	1.83
0.001	49.3	0.126	1.81
0.005	23.0	0.0589	1.84
0.01	16.3	0.0417	1.81
0.02	11.6	0.0297	1.82
0.05	7.36	0.0188	1.80
0.1	5.20	0.0133	1.79

$$\Lambda/\Lambda^\infty = \alpha \tag{8.20}$$

いっぽう，平衡(8.16) の平衡定数（解離定数）K_a は次のように書ける．

$$K_a = \alpha^2 c/(1-\alpha) \tag{8.21}$$

式(8.20) が妥当なら，酢酸水溶液のΛをはかって得た α 値を式(8.21) に代入したとき，K_a はほぼ一定値になるはずである．結果（表8.4）はその予想にあうため，次のことがいえる．

　"弱電解質では，濃度が変わったとき，電解質の電離度が変化するからモル導電率が変わる．"

電離度 α が十分に小さい濃度範囲なら，式(8.21) は $K_a \fallingdotseq \alpha^2 c$ と近似してよい．これを式(8.17) に代入すれば，モル導電率Λの濃度依存性を表す次の式が得られ，図8.3のたたずまいが語るとおり，Λ は $c^{1/2}$ に反比例する．

$$\Lambda = (K_a/c)^{1/2}(\lambda_1+\lambda_2) = (K_a/c)^{1/2}F(u_1+u_2) \tag{8.22}$$

8.4 イオンの移動度を決める要因

8.4.1 イオン間の相互作用とイオン強度

ほぼ完全解離する NaCl などの水溶液は，モル導電率がコールラウシュの実験式(8.13) に従って高濃度ほど小さくなり，その原因はイオン移動度の低下だった．では，電解質の濃度が上がるとなぜイオン移動度が下がるのか？

無限希釈なら，イオンは互い無限に離れているため，相互作用はいっさいなく，各イオンが固有の速度で動く．しかし濃度が上がると，イオン間に相互作用がは

たらき始め，イオンは自由な動きができなくなってしまう．

そのあたりを説明するのが，イオン間の相互作用を扱った**デバイ-ヒュッケル理論**と，イオン移動度の濃度依存性を定量化した**オンサーガーの理論**である．

イオン間相互作用のうちではクーロン力がもっとも大きい．クーロン力は，イオンの電荷（価数）が大きいほど，濃度が高いほど大きいだろう．そこで，この二つを組み合わせ，イオン間相互作用を反映する量として，次式のイオン強度 I というものが考えられた．

$$I = (1/2)\sum_i c_i z_i^2 \tag{8.23}$$

8.4.2 イオン雰囲気とデバイ半径

電解液に含まれる陽イオンと陰イオンのうち，陽イオンに注目しよう．無限希釈なら各イオンは溶液全体に散らばっているが，濃度が高いと，陽イオンのまわりには陰イオンの存在する確率が高くなる．

デバイとヒュッケルは，クーロンエネルギーが熱エネルギーより十分に小さい希薄な溶液についてこの問題を扱い（**デバイ-ヒュッケル理論**），陰イオンは実質的に次式で表される半径 r_D の球内に存在することを示した．

$$r_D = [\varepsilon_0 \varepsilon_r RT/(2F^2 I)]^{1/2} \tag{8.24}$$

ここに ε_0 は真空の誘電率（8.854×10^{-12} F m^{-1}），ε_r は媒質の比誘電率（水は25℃で78.30），R は気体定数（8.3144 J mol^{-1} K^{-1}），T は絶対温度，F はファラデー定数（96 485 C mol^{-1}），I はイオン強度（単位 mol m^{-3}）を表す．

25℃の水溶液を考えて定数を数値化し，イオン強度 I の単位を M (mol L^{-1}) としたうえ，r_D の単位を nm (10^{-9} m) に変えれば次の式が得られ，NaCl の 1 M 水溶液（$I=1$ M）なら $r_D=0.304$ nm（H_2O 分子1個のサイズ）となる．

$$r_D = 0.304\ I^{-1/2} \tag{8.25}$$

つまりイオンは，高濃度になると，逆電荷をもつイオンの"衣"をまとう．この衣を**イオン雰囲気**，r_D を**イオン雰囲気の厚み**または**デバイ半径**（デバイ長）という（図8.4）．イオン強度が高いほど r_D は小さく，イオンは"衣を脱ぎにくい"ため，自由な動きができなくなる．

なお，イオン雰囲気のイメージは電極と電解液の界面にもあてはまり，1章の図

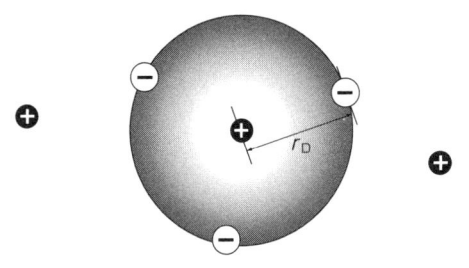

図 8.4 イオン雰囲気とデバイ半径のイメージ

1.3 に書いた電気二重層の厚み（10^{-9} m）はそれを表している．

8.4.3 活量係数とモル導電率

上記のような"衣"をまとえば，溶かしたイオンのうち自由なイオンの割合が減る．自由なイオンの割合を**活量係数**（0〜1）といい，記号 γ で表す．陽イオンの価数を z_1，陰イオンの価数の絶対値を z_2 としたとき，十分に薄い溶液で電解質の平均活量係数 $\gamma_\pm$ は

$$\log \gamma_\pm = -A z_1 z_2 I^{1/2} \tag{8.26}$$

と表される．これを**デバイ-ヒュッケルの極限式**とよぶ．A は温度と溶媒の誘電率により決まる定数で，25℃の水溶液なら 0.511 という値をもつ．

オンサーガーはデバイ-ヒュッケル理論を発展させ，薄い溶液中で強電解質が示すモル導電率 Λ の濃度依存性について次式を得た（S は定数）．

$$\Lambda = \Lambda^\infty - S I^{1/2} \tag{8.27}$$

これはコールラウシュの実験式に理論の裏づけを与えるもので，**オンサーガーの極限則**という．定数 S は，イオンの価数，溶媒の誘電率・粘性率，温度で変わり，NaCl のような 1 価の 1：1 強電解質の水溶液では，c をモル濃度として次の式になる．

$$\Lambda = \Lambda^\infty - (60.66 + 0.230 \Lambda^\infty) c^{1/2} \tag{8.28}$$

8.4.4 ストークス半径とワルデン則

イオンの動きやすさは，クーロン力に影響する濃度だけでなく，イオンの電荷やサイズ，さらには溶媒の性質にも左右される．

8.4 イオンの移動度を決める要因

粘性率 η の媒質中を速度 v で動く半径 r の剛体球は，次式の抵抗力 f_d を受ける（ストークスの式）．

$$f_d = 6\pi\eta r v \tag{8.29}$$

いっぽう，電界 E のもとで，価数の絶対値が z（電荷量は，素電荷を q として zq）のイオンは，次の力（泳動力）f_e を受けている．

$$f_e = zqE \tag{8.30}$$

イオンは，$f_d = f_e$ となるような速度 v で動く．移動度 u は v/E と書けるから，無限希釈のもとでは次式が成り立つ．

$$u^\infty = zq/(6\pi\eta r) \tag{8.31}$$

この関係をつかうと，u^∞ の実測値からイオンの半径 r が求められる．この半径を**ストークス半径**といい，溶液中で溶媒和したイオンの半径を意味する．

ストークス半径を改めて r_s と書けば，式(8.31)は次のようになる．

$$u^\infty \eta = zq/(6\pi r_s) \tag{8.32}$$

ストークス半径 r_s が一定なら右辺は一定値なので，左辺(移動度 u^∞ と粘性率 η の積)も一定値となる．これを**ワルデン則**といい，ある溶媒中の u^∞ から別の溶媒中の u^∞ を見積もるのにつかう．ただし，ストークス半径は一般に溶媒で変わるから，ワルデン則は一つの目安でしかない．

8.4.5 溶媒和の影響

いくつかのイオンについて，無限希釈における移動度の値を表8.5にあげた．このうち，アルカリ金属イオンに注目しよう．結晶中のイオン半径 r_c は，Li^+ が 0.073〜0.090 nm，Na^+ が 0.113〜0.116 nm，K^+ が 0.152〜0.165 nm だから，$Li^+ < Na^+ < K^+$ となる．けれども移動度は $Li^+ < Na^+ < K^+$ なので，式(8.32)より，水溶液中のストークス半径 r_s は $Li^+ > Na^+ > K^+$，つまり r_c とはちょうど逆の序例になってしまう．

これは，r_c の小さいイオンほど，極性の H_2O 分子を強く引きつけ，より大きな水和イオンになっていて動きにくいためと考えられる．

8.4.6 高速で動く H^+ と OH^-

表8.5を眺めると，水素イオン（プロトン）H^+ と水酸化物イオン OH^- は移動度

表 8.5 無限希釈でのイオン移動度（25℃の水中）

陽イオン	$u_1^\infty/10^{-4}\,\text{cm}^2\,\text{V}^{-1}\,\text{s}^{-1}$	陰イオン	$u_2^\infty/10^{-4}\,\text{cm}^2\,\text{V}^{-1}\,\text{s}^{-1}$
H^+	36.3	OH^-	20.5
K^+	7.62	SO_4^{2-}	8.29
NH_4^+	7.62	Br^-	8.10
Ca^{2+}	6.17	I^-	7.96
Mg^{2+}	5.50	Cl^-	7.91
Na^+	5.19	NO_3^-	7.41
$(CH_3)_4N^+$	4.66	ClO_4^-	6.98
Li^+	4.01	F^-	5.74
$(C_2H_5)_4N^+$	3.38	CH_3COO^-	4.24

イオンが縮む？

　ルビジウムイオン Rb^+ とセシウムイオン Cs^+ について，無限希釈モル導電率 λ^∞ の値（表8.3）と式(8.7)，(8.32)，および水の粘性率（25℃で0.920 mPa s）から計算したストークス半径 r_s は，どちらも約0.12 nm となる．ところが結晶中のイオン半径 r_c は，Rb^+ が 0.166〜0.175 nm，Cs^+ が 0.181〜0.202 nm と，水中のストークス半径よりはるかに大きい．イオンが水中で水和したときに縮むはずはない．おそらく，イオンと水分子との相互作用が，イオンをとり囲む水の構造を変え，イオンの移動度が上がっているのだろう．

が飛びぬけて大きい．水素イオンがヒドロニウムイオン H_3O^+ の形ならサイズは K^+ に近く，また OH^- のサイズは F^- に近い．それなのに移動度が 4〜5 倍も大きい事実は，水中を動くときの水素イオンや水酸化物イオンが H_3O^+ や OH^- の姿ではないことをほのめかす．

　そこで現在，次式のように，水分子 H_2O を介して H^+ や OH^- がつぎつぎと受け渡されるメカニズムが考えられている．

〈プロトン移動〉

$$\underset{+}{H-\overset{\overset{H}{|}}{O}-H} \quad \overset{\overset{H}{|}}{O}-H \quad \longrightarrow \quad H-\overset{\overset{H}{|}}{O} \quad \underset{+}{H-\overset{\overset{H}{|}}{O}-H}$$

〈水酸化物イオン移動〉

$$\begin{array}{ccc} H & H & H & H \\ | & | & | & | \\ O & H-O & \longrightarrow & O-H & O \\ \underline{} & & & & \underline{} \end{array}$$

さらには次のように，水素結合しあった水分子の鎖を通して，H^+（またはOH^-）の移動と水素結合の組み替えが協同的に進むメカニズムもありうる．

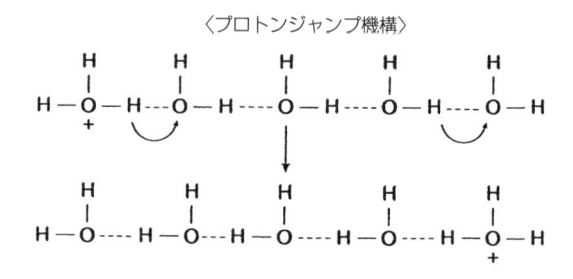

〈プロトンジャンプ機構〉

$$H-\underset{+}{O}-H----O-H----O-H----O-H----O-H----O-H$$

$$\downarrow$$

$$H-O----H-O---H-O----H-O----H-O----H-O-H$$

こうした特別な形の相互作用がはたらいて，水素イオンと水酸化物イオンは高速の長距離移動ができるのだろう．

8.5 まとめ

いろいろな電解液について，濃度も変えながらはかった導電率のデータは，電解質の電離度とか，イオンどうしの引き合い，イオンと溶媒分子の間にはたらく相互作用など，ミクロ世界のさまざまなできごとを教えてくれる．とりわけ水溶液中の水素イオンと水酸化物イオンは，動いているときはどうやらH^+やH_3O^+やOH^-といったおなじみの姿ではなさそうだ．こうしたことに思いをはせれば，なにげない透明な食塩水にも意外なダイナミズムがひそんでいるとわかってくるだろう．

演習問題

以下，温度はすべて25℃とする．

8.1 導電率κの単位は$C\ V^{-1}\ cm^{-1}\ s^{-1}$とも書けることを示せ．

8.2 ある導電率測定セルを用い，$7.47458\ g\ kg^{-1}$ KCl標準液の抵抗をはかったら54.0

Ωだった．セル定数 K_{cell} は何 cm^{-1} か．

(0.694 cm^{-1})

8.3 上記のセルを用い，0.1 M NaCl 水溶液の抵抗をはかったところ 64.9 Ω だった．この水溶液の導電率とモル導電率はいくらか．また，Na^+ の輸率を 0.3853 として，Na^+ と Cl^- のモル導電率および移動度を計算せよ．

($\kappa = 1.069 \times 10^{-2}$ S cm^{-1}, $\Lambda = 106.9$ S cm^2 mol^{-1}；
$\lambda_1 = 41.2$ S cm^2 mol^{-1}, $u_1 = 4.27 \times 10^{-4}$ cm^2 V^{-1} s^{-1}；
$\lambda_2 = 65.7$ S cm^2 mol^{-1}, $u_2 = 6.81 \times 10^{-4}$ cm^2 V^{-1} s^{-1})

8.4 HCl, NaCl, CH_3COONa 水溶液の無限希釈モル導電率はそれぞれ 426.3, 126.4, 91.0 S cm^2 mol^{-1} である．酢酸の無限希釈モル導電率はいくらか．また，水素イオンの無限希釈モル導電率 350 S cm^2 mol^{-1} を用い，無限希釈における各電解質の陽イオン輸率を計算せよ．

(390.9 S cm^2 mol^{-1}；$t_1^\infty = 0.82$ (HCl),
0.40 (NaCl), 0.55 (CH_3COONa))

8.5 0.02 M 酢酸水溶液の導電率をはかったら 2.31×10^{-4} S cm^{-1} だった．酢酸の無限希釈モル導電率を 390.9 S cm^2 mol^{-1} として，酢酸の電離度 α と酸解離定数 K_a を計算せよ．

(0.0295, 1.79×10^{-5} M)

8.6 上の結果より，0.1 M 酢酸水溶液の導電率を推定してみよ．

(5.20×10^{-4} S cm^{-1})

8.7 NaCl を 10^{-1} M，$Al_2(SO_4)_3$ を 10^{-2} M で含む水溶液のイオン強度は何 M になるか．また，全イオン強度のうち NaCl の分担割合は何％か．

(0.25 M, 40%)

8.8 $CaCl_2$ 水溶液のモル導電率は次のように測定されている．

c/M	0.0005	0.001	0.005	0.01	0.02	0.05	0.1
Λ/S cm^2 mol^{-1}	263.7	260.6	248.4	240.6	231.2	216.8	204.8

この結果から無限希釈モル導電率を見積もれ．また，$c = 0.001, 0.01, 0.1$ M でのイオン強度とデバイ半径を計算せよ．

(270.1 S cm^2 mol^{-1}(0.01 M までのデータを直線近似)；
0.003 M, 5.55 nm ($c = 0.001$ M)；0.03 M, 1.76 nm ($c = 0.01$ M)；
0.3 M, 0.555 nm ($c = 0.1$ M))

8.9 式(8.26)を用い，NaCl 水溶液と Na_2SO_4 水溶液について，それぞれ濃度 0.001 M および 0.01 M での活量係数を計算せよ．

(NaCl：0.963, 0.889； Na_2SO_4：0.879, 0.665)

8.10 NaCl 水溶液について，$\Lambda^\infty = 126.4$ S cm^2 mol^{-1} と下記のデータより，オンサーガーの極限則が成り立つ濃度範囲を確かめてみよ．

c/M	0.0005	0.001	0.005	0.01	0.02	0.05	0.1
Λ/S cm^2 mol^{-1}	124.4	123.7	120.6	118.5	115.7	111.0	106.7

8.11 表 8.5 のデータから Li$^+$, Na$^+$, K$^+$ のストークス半径 r_s を計算し，本文中の r_c 値と比較せよ．また，同様な比較をハロゲン化物イオンについても行え（r_c 値：F$^-$ = 0.119 nm, Cl$^-$ = 0.167 nm, Br$^-$ = 0.182 nm, I$^-$ = 0.206 nm）．水の粘性率は 0.920 mPa s とする．

(Li$^+$：0.230 nm, Na$^+$：0.178 nm, K$^+$：0.121 nm,
F$^-$：0.161 nm, Cl$^-$：0.117 nm, Br$^-$：0.114 nm)

9 固体電解質

- 固体の中では，どんなイオンが動くのだろう？
- どのような固体が電解質になるのか？
- 導電率はどれほどで，温度によりどう変わるのか？
- 固体電解質にはどんな用途があるのだろう？

9.1 固体だけの電気化学系

いままで見てきた電気化学系は，電子伝導性の金属電極と，イオン伝導性の電解液を組み合わせたものだった．電極と電解液の界面では電子のやりとりが起こり，物質の化学変化が進む．

じつは固体のうちにも，内部をイオンが動きやすい"イオン伝導体"がある．そのような固体を，固体電池などの電解質に利用できるところから，**固体電解質**とよび慣わす．

固体電解質に電極をつければ，溶液の場合とはひと味ちがった電気化学系ができる．もちろん界面では電子のやりとりが起こり，物質の変化も進む．こうした系は，ガスセンサー，リチウム電池，燃料電池と応用分野が幅広く，今後ますます注目を集めるだろう．

本章では，固体電解質が主役を演じる**固相電気化学（固体イオニクス）**の世界をのぞく．

9.2 固体電解質の種類

固体電解質は無機化合物と有機化合物（高分子）に大別でき，イオンの動く背景には，それぞれのもつ独特なミクロ構造がある．

9.2.1 無機の固体電解質

無機物の固体電解質は古くから研究されてきた．導電イオンとして水素 H^+，リチウム Li^+，ナトリウム Na^+，銅 Cu^+，銀 Ag^+，酸素 O^{2-}，フッ素 F^- などが知られる．材料の種類や温度によっては，ふつうの電解液なみまたはそれ以上の導電率を示す．いくつかの例を表 9.1 にあげた．

塩化ナトリウム NaCl のようなイオン結晶だと，Na^+ も Cl^- も格子点に強く固定されているため，ほとんど動けない．イオンが動くには，固体内部にそれなりの原子構造がなければいけない．おもな構造は次の四つに分類できる．

（i）**超格子構造をもつ材料** あるイオン 1 個の存在できるサイトが結晶格子内に複数あって，イオンはその一部だけをランダムに占め，ほかのサイトが空いているもの．典型例に，Ag^+ の動くヨウ化銀 α-AgI がある．

（ii）**イオンの空孔や格子間イオンをもつ材料** イオンが本来あるはずのサイトが一部にせよ空いていれば，そこを順々に埋めていく形でイオンが動く．ジルコニア（酸化ジルコニウム）ZrO_2 に 8〜10 mol% のイットリア（酸化イットリウム）Y_2O_3 を加え，O^{2-} 導電性がいちばん大きい立方晶相を安定にした "**安定化ジルコニア**" や，カルシア（酸化カルシウム）添加ジルコニア $Ca_xZr_{1-x}O_{2-x}$ は，酸化物イオン O^{2-} の空孔をもつため O^{2-} が動きやすい．

また，たとえばペロブスカイト型の酸化物 $La_{0.31}Li_{0.31}TiO_3$ 中の Li^+ は，一部が

表 9.1 無機固体電解質の導電イオンと導電率

固体電解質	導電イオン	導電率 / S cm^{-1}	温度
$H_3W_{12}P_6O_{40} \cdot 29\ H_2O$	H^+	0.2	室温
α-AgI	Ag^+	1.5	200 °C
$RbAg_4I_5$	Ag^+	0.27	室温
Na-β-Al_2O_3 ($Na_2O \cdot 11\ Al_2O_3$)	Na^+	0.2	300 °C
NASICON	Na^+	0.3	300 °C
$Li_{4+4x}Zn_{1-x}GeO_4$ *1	Li^+	0.13	300 °C
Li_3N	Li^+	10^{-3}	室温
$(ZrO_2)_{0.9}(Y_2O_3)_{0.1}$ *2	O^{2-}	2×10^{-2}	800 °C
$(Bi_2O_3)_{0.75}(Y_2O_3)_{0.25}$	O^{2-}	8×10^{-2}	600 °C
PbF_2	F^-	1	400 °C

*1 通称 LISICON．
*2 イットリア安定化ジルコニア．

格子間（結晶格子内のすき間）にいるから動ける．

（iii） **イオン伝導層をもつ材料**　イオンの動きやすい二次元または三次元の空間構造が結晶内にある材料．Na-β-アルミナ（Na-β-Al$_2$O$_3$）や NASICON などが例になる．NASICON は"Na Super Ionic Conductor"の略で，$(1-x/3)$NaZr$_2$(PO$_4$)$_3$・$(x/3)$Na$_4$Zr$_2$(SiO$_4$)$_3$の組成をもつ．

（iv） **非晶質構造をもつ材料**　すき間の多い非晶質（ガラス）構造の材料では一部のイオンが動ける．

以上4種類の固体電解質について，構造のイメージを図9.1に描いた．

電解液の導電率は文字 κ で表したが(8章参照)，固体電解質の話では伝統的に σ をつかう．室温（25 °C）で導電率の大きい固体電解質には，Rb$_4$Cu$_{16}$I$_7$Cl$_{13}$（導電イオン Cu$^+$．$\sigma = 0.34$ S cm^{-1}），RbAg$_4$I$_5$（Ag$^+$．0.27 S cm^{-1}），H$_3$W$_{12}$P$_6$O$_{14}$・29 H$_2$O（H$^+$．0.2 S cm^{-1}）などがあり，σ の値は 1 M KCl 水溶液（0.1 S cm^{-1}．

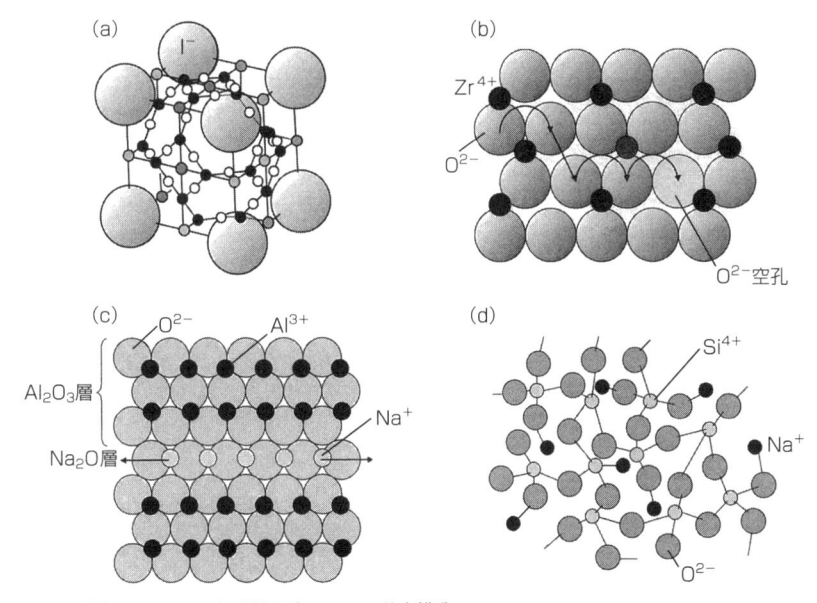

図 9.1　イオン伝導性を生む四つの基本構造
（a）超格子構造（α-AgI．●，○，●サイト全体に2個の Ag$^+$ が分布）
（b）イオン空孔の存在（Ca$_x$Zr$_{1-x}$O$_{2-x}$）
（c）イオン伝導層の存在（Na-β-Al$_2$O$_3$）
（d）すき間の大きいガラス構造

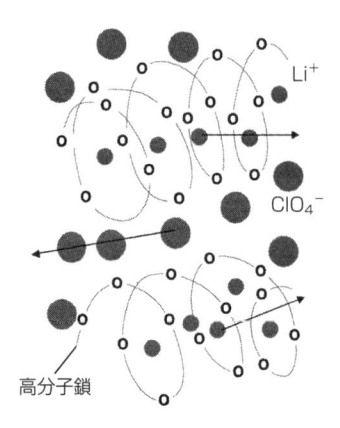

図 9.2 エーテル系高分子と LiClO₄ の静電相互作用で生まれる高分子固体電解質のモデル

p. 122) の 2〜3 倍にもなる．導電率の温度変化はあとで調べよう．

9.2.2 高分子固体電解質

高分子をベースとした固体電解質には，おもに三つのタイプがある．

（ⅰ）**エーテル系高分子**　エーテル系の高分子にふつうの電解質を混ぜたもの．たとえば PEO と略称するポリエチレンオキシド $-(CH_2-CH_2-O)_n-$ に過塩素酸リチウム $LiClO_4$ を混ぜれば，高分子鎖の酸素原子 O と Li との間に静電引力がはたらくため，固体内で $LiClO_4$ が電離する（図9.2）．

生じた Li^+ と ClO_4^- は，高分子鎖の熱運動に助けられて高分子内を動く．ちょうど，ざらざらの板に粉が引っかかっているとき，板をゆすれば粉を動かせるような現象だといえよう．

（ⅱ）**イオン交換性高分子**　次に，イオン交換能をもつ高分子膜がある．その一つ，デュポン社のナフィオン Nafion® は，内部に図9.3のような構造をもつ．

ポリフルオロカーボンを主鎖とし，側鎖の末端にスルホン基やカルボキシル基をつけてある．主鎖は強い疎水性，側鎖の末端部は親水性だから，両者が分離した構造（ミクロ相分離構造）をとる．イオン交換で官能基をナトリウム塩にすると，親水性領域にある水 H_2O がその電離を促し，Na^+ が生じる．

つまりこの固体電解質は，自由な Na^+ と固定陰イオンを含む水溶液が内部に分散した姿をしている．そのため導電メカニズムも導電率も，ふつうの電解液とあ

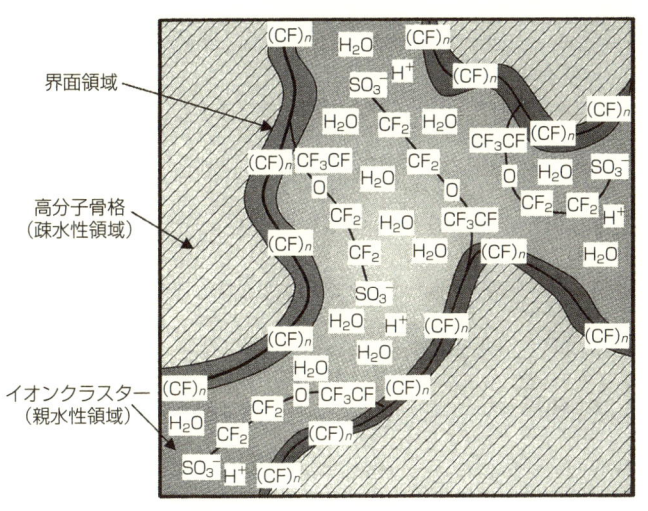

図 9.3 Nafion® の構造モデル

表 9.2 エーテル系高分子固体電解質と Nafion® の導電率

高分子	支持電解質	導電率 / S cm^{-1}	温度 / ℃
PEO	LiClO$_4$	10^{-7}	25
架橋 PEO[*1]	LiClO$_4$	10^{-5}	30
PMEEP[*2]	LiCF$_3$SO$_3$	2×10^{-5}	25
PMSEO[*3]	LiClO$_4$	5×10^{-5}	25
PMOEO[*4]	LiCF$_3$SO$_3$	2×10^{-5}	20
PEO-PMMA[*5]	LiClO$_4$[*6]	10^{-4}	30
Nafion®		10^{-2}	25

[*1] イソシアナート架橋体.
[*2] ポリ(メトキシエトキシエトキシドホスファゼン).
[*3] メチルシロキサン-エチレンオキシド共重合体.
[*4] ポリ(メタクリル酸オリゴエチレンオキシド).
[*5] ポリ(エチレンオキシド)=グラフト=ポリ(メタクリル酸メチル).
[*6] ポリ(エチレングリコール) を 50 wt%添加.

まり変わらない.

以上2種類の高分子固体電解質の例をいくつか表9.2に示す. σ は 10^{-5}〜10^{-4} S cm^{-1} で,電解液より3〜4桁ほど小さい.

(iii) **ゲル状高分子** ポリマーの網目に電解液をとじこめたもの.たとえばプロピレンカーボネートという有機溶媒に LiClO$_4$ を溶かし,それをポリアクリロニトリルに含浸させたゲル状高分子がある.これも導電メカニズムは本質的に電解

表9.3 ゲル状高分子固体電解質の導電率 (25 °C)

組　成	導電率/S cm^{-1}
38 EC*^{1}/33 PC*^{2}/21 PAN*^{3}/8 LiClO$_4$	1.7×10^{-3}
68 PC/16 PAN/16 LiClO$_4$	8.6×10^{-4}
61 EC/13.2 PC/20.6 PAN/5.2 LiCF$_3$SO$_3$	1.1×10^{-3}
61 EC/13.2 PC/20.6 PAN/5.2 LiAsF$_6$	7.7×10^{-4}
31 EC/26 PC/32 PVP*^{4}/11 LiCF$_3$SO$_3$	2.4×10^{-3}
54 PC/35 PVP/11 LiCF$_3$SO$_3$	1.5×10^{-3}

*^{1}　エチレンカーボネート．
*^{2}　プロピレンカーボネート．
*^{3}　ポリアクリロニトリル．
*^{4}　ポリビニルピロリドン．

液と変わりがない．

ゲル状高分子電解質の例を表9.3にあげておく．σ は常温で 10^{-3} S cm^{-1} 程度となり，非水溶媒の電解液に肩をならべるものもある．

9.3　導電率 σ の温度変化

固体電解質とふつうの電解液で，導電率 σ と温度の関係はおよそ図9.4のようになる．

9.3.1　温度変化の背景

エーテル系高分子固体電解質を除き，導電率 σ は次式の温度変化を示す．これを**アレニウス型の温度依存性**，E を活性化エネルギーという．

$$\sigma = \sigma_0 \exp(-E/RT) \tag{9.1}$$

電解液中でも固体中でも，隣りあう準安定なサイト間をイオンや空孔がジャンプする現象が電気伝導につながる．それはイオンの拡散（**自己拡散**）と同じ現象だから，導電率 σ は自己拡散係数 D に比例し，イオンの価数を z，濃度を c（単位 mol cm^{-3}）とした次の関係が成り立つ．これを**ネルンスト-アインシュタインの式**とよぶ．

$$\sigma = (z^2 F^2 c/RT) D \tag{9.2}$$

拡散は固有の活性化エネルギー E_a を要するため，D は次の形をもつ．

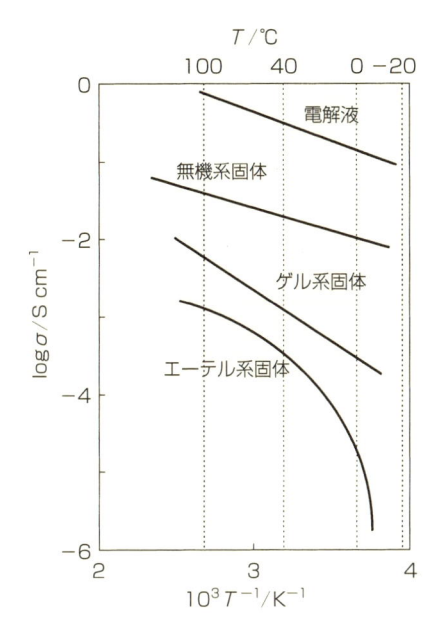

図9.4 導電率の温度変化

$$D = D_\mathrm{o} \exp(-E_\mathrm{a}/RT) \tag{9.3}$$

以上より導電率 σ は，定数 A をつかって次のように表せる．

$$\sigma = (A/T)\exp(-E_\mathrm{a}/RT) \tag{9.4}$$

たとえば O^{2-} が導電イオンとなる安定化ジルコニア $(ZrO_2)_{0.9}(Y_2O_3)_{0.1}$ の σ は，400～1200 ℃（673～1473 K）の温度範囲で

$$\sigma = (9.7 \times 10^5/T)\exp(-96500\,\mathrm{J}/RT) \tag{9.5}$$

と求められている．

温度 T は式中の2ヶ所に現れるが，ふつう活性化エネルギーは 50～100 kJ mol^{-1} （0.5～1.0 eV）ほどあり，温度に対して指数項のほうがずっと大きく変わるため，せまい温度範囲を見るとアレニウス型（式(9.1)）になる．

9.3.2 エーテル系高分子固体電解質

エーテル系の固体電解質では，ポリマー鎖の熱運動がイオン伝導を生む．ポリマー鎖の熱運動は，温度が低くなると加速度的に弱まるから，イオン伝導率もアレニウス型から大きく外れてくる．

なお，この種の固体電解質は，Li^+イオンがポリマー鎖と強く相互作用するので，Li^+の輸率はClO_4^-の輸率より小さい．電池などに応用する際は，輸率の制御が必要となる．

9.4 固体電解質——固体電極の界面

固体電解質に固体電極をつけると，固体と固体の界面で電極反応が進む．こうした界面のありさま，とりわけ，どのような姿の電気二重層ができていて，電子移動がどう進むかなどは，電解液系の場合と比べて，あまりよくはわかっていない．半導体電極表面のような空間電荷層（11章参照）があるかどうかもいまのところ解明できていない．

エーテル系高分子固体電解質やゲル状高分子固体電解質では，多少なりとも電解質イオンが動くから，電解液と似た状況を想像できる．しかし無機の固体酸化物電解質にはそうした運動の自由度がない．

固体電解質と固体電極の界面のイメージを明らかにするには，理論・実験を用いた研究をさらに積み重ねる必要がある．

9.5 混合伝導性酸化物

イオン伝導と電子伝導の両方が適度に起こる固体（おもに酸化物）を**混合伝導**

表 9.4 混合伝導性材料（酸化物）の例（電子導電率は1000 ℃の値）

酸化物	電子導電率	備　考
$La_{1-x}M_xCoO_3$ $M=Ca, Sr ; 0<x<0.6$	$10^2 \sim 10^3$	Co が反応しやすい ジルコニアと反応しやすい
$La_{1-x}M_xMnO_3$ $M=Ca, Sr ; 0<x<0.6$	$10 \sim 10^2$	ジルコニアと反応しにくい
$Ca_{1-x}M_xMnO_3$ $M=Ce ; 0.005<x<0.2$	$10 \sim 10^2$	原料が安価
$La_{1-x}M_xCr_{1-y}M_y'O_3$ $M, M'=Mg, Ca ; 0.005<x, y<0.2$	$1 \sim 10$	酸化還元を受けにくい
$(In_2O_3)_x(PrO_{1.83})_y(ZrO_2)_z$ $x=0.8 \sim 0.9 ; y, z=0.05 \sim 0.1$	$10^2 \sim 10^3$	高　価

性材料という．固体酸化物燃料電池（p.162 参照）の電極にする $LaMnO_3$ などペロブスカイト型酸化物を代表として，いくつか例がある（表 9.4）．

リチウム電池につかう $LiCoO_2$ や黒鉛 C も，Li^+ と電子の両方が動く（くわしくは次章で説明）．

電子伝導は半導体や金属に似た電子エネルギー状態が，またイオン伝導は空孔や格子間イオンの存在が生む．そういう条件を満たす混合伝導性酸化物が，固体を用いたデバイスの大切な材料となる．

9.6 固体電解質の応用

9.6.1 応用分野

固体電解質や混合伝導性酸化物は，センサーや電池（固体型電池，二次電池，燃料電池）などへの応用が注目を集めている．応用例のいくつかを表 9.5 にまとめ

表 9.5 固体電解質の応用例

応用例	電極・反応・固体電解質	用途・特徴
自動車用酸素センサー	負極：Pt $(2\,O^{2-} \rightarrow O_2 + 4\,e^-)$ 正極：Pt $(O_2 + 4\,e^- \rightarrow 2\,O^{2-})$ 固体電解質：安定化ジルコニア	燃焼制御用の O_2 濃度計測．高温下．
全固体型銀電池	負極：$Ag \rightarrow Ag^+ + e^-$ 正極：$Ag^+ + (1/2)\,RbI_3 + e^- \rightarrow (3/4)\,AgI + (1/4)\,Rb_2AgI_3$ 固体電解質：$RbAg_4I_5$，$Rb_4Cu_{16}Cl_{13}I_7$	心臓用ペースメーカーの電源．固体なので漏液の心配がない．
全固体型リチウム二次電池	負極：$Li_{4+x}Ti_5O_{12} \rightarrow Li_4Ti_5O_{12} + xLi^+ + xe^-$ 正極：$Li_{1-x}CoO_2 + xLi^+ + xe^- \rightarrow LiCoO_2$ 固体電解質：$Li_2S\text{-}SiS_2\text{-}LiSiO_4$	現行のリチウム二次電池（溶液系）の代替として開発中．
	負極：$Li \rightarrow Li^+ + e^-$ または $C_6Li \rightarrow C_6Li_{1-x} + xLi^+ + xe^-$ 正極：$Li_{1-x}CoO_2 + xLi^+ + xe^- \rightarrow LiCoO_2$ 固体電解質：PAN 系ゲル高分子	携帯機器への利用が始まっている．エネルギー密度が高い．
酸化物固体電解質型燃料電池（SOFC）	負極：$Ni\text{-}ZrO_2$ 焼結体 $(H_2 \rightarrow 2\,H^+ + 2\,e^-)$ 正極：$LaMnO_3$ $(O_2 + 4\,e^- \rightarrow 2\,O^{2-})$ 固体電解質：$LaCrO_3$	水素や天然ガスを用い，1,000 ℃という高温で直接発電．
高分子固体電解質型燃料電池	負極：Pt-C $(H_2 \rightarrow 2\,H^+ + 2\,e^-)$ 正極：Pt-C $(O_2 + 4\,e^- \rightarrow 2\,O^{2-})$ 固体電解質：Nafion® など	100 ℃付近で直接発電．電気自動車用に実用化が始まっている．

9.6.2 酸素イオン伝導体

（ⅰ）**酸素分離膜**　酸素分圧の高い部屋と低い部屋を $LaMnO_3$ のような混合伝導性酸化物で仕切ると，酸素を一方向に輸送できる．図 9.5 に描いたとおり，右の部屋を減圧とし，左の部屋に空気を入れれば，酸素の化学ポテンシャル（1 mol あたりのギブズエネルギー）が左右でちがうため，右面では O^{2-} が O_2 に，左面では O_2 が O^{2-} になろうとして，次の反応が起こる．

$$\text{右側}: 2\,O^{2-} \longrightarrow O_2 + 4\,e^- \tag{9.6}$$
$$\text{左側}: O_2 + 4\,e^- \longrightarrow 2\,O^{2-} \tag{9.7}$$

仕切りにつかった酸化物の電子伝導性が高ければ，O^{2-} と電子が逆向きに動く結果，酸素 O_2 が左の部屋から右の部屋に運ばれる．

（ⅱ）**酸素センサー**　ほぼイオン伝導性だけの固体電解質を膜にしたとき，両面に金属電極を貼って導線でつなぐと，同じ現象が進む．また，導線の途中に電圧計をつなげば，酸素分圧の高いほうを $p_{O_2(1)}$，低いほうを $p_{O_2(2)}$ として，次の電圧 ΔE が発生する．これが酸素センサーの原理にほかならない．

$$\Delta E = (RT/4F)\ln(p_{O_2(1)}/p_{O_2(2)}) \tag{9.8}$$

電圧計のかわりに電池（外部電源）をつないだら，酸素を強制的に一方から他

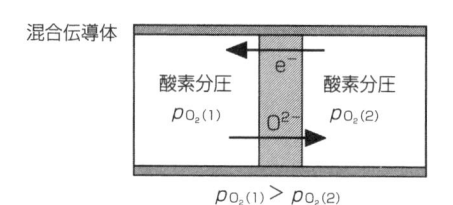

図 9.5　混合伝導体やイオン伝導体をつかう酸素分離膜・センサーの原理

方に輸送する"酸素ポンプ"ができる．

9.6.3 その他

構造が α-AgI に似た RbAg$_4$I$_5$ はすぐれた Ag$^+$ 伝導体で，全固体型銀電池（心臓用ペースメーカーの電源）に実用されている．また F$^-$ 導電性のフッ化ランタン LaF$_3$ は F$^-$ イオンを検出する電気化学センサーにつかう．

9.7 まとめ

イオン導電率が電解液と肩をならべ，ときには電解液さえしのぐ固体の世界を眺めてきた．こうした固体電解質は，さまざまな応用をめざしていまさかんに研究が行われている．とりわけ電池（次章）への応用に注目したい．

演習問題

9.1 表 9.1 の導電イオンにつき，イオン半径を調べてみよ．

9.2 ネルンスト-アインシュタインの式 (9.2) で，拡散係数 D の次元が cm^2 s^{-1} になるのを確かめよ．

9.3 式 (9.5) について，1000 °C での導電率 σ を計算せよ．また，グラフ用紙に $\ln \sigma$ と T^{-1} をプロットし，ほぼ直線関係になるのを確かめよ．

$(8.4 \times 10^{-2}\ \text{S cm}^{-1})$

9.4 O^{2-} イオン導電率が 10^{-3} S cm^{-1}，電子導電率が 2×10^{-3} S cm^{-1} の混合伝導体で，イオン輸率はいくらになるか．

(0.33)

9.5 温度 300 °C のとき，式 (9.8) が $\Delta E\ (\text{mV}) = 28.4 \log_{10}(p_{\text{O}_2(1)}/p_{\text{O}_2(2)})$ となることを示せ．$p_{\text{O}_2(1)} = 0.5$ atm, $p_{\text{O}_2(2)} = 0.1$ atm なら起電力は何 mV か．また，$p_{\text{O}_2(1)} = 0.21$ atm, $p_{\text{O}_2(2)} = 10^{-3}$ atm の条件で，低圧側から高圧側へ酸素を運ぶには，何 mV 以上の電圧が必要か．

$(19.9\ \text{mV},\ 66.0\ \text{mV})$

10 電池

- 実用電池をつくるには，どんなものが必要なのか？
- 一次電池と二次電池は，どこがどうちがうのだろう？
- 今後どのような電池ができてくるのだろうか？
- 電池の性能は，どのような要因が決めるのだろう？

10.1 電池の歩み

 2, 3章でもおおよそ紹介したとおり，電池とは，酸化還元反応のギブズエネルギー変化$-\Delta_r G$を電気エネルギーに変換するしくみだった．酸化剤と還元剤にどのような物質を選ぶかで，さまざまな電池が生まれる．なお，**物理電池**（太陽電池，原子力電池，熱電池など）と区別したいとき，本書で扱う電池は"**化学電池**"とよぶ．

 電池は，もう2000年前のアラビアで生まれていた気配もあるが（次頁），いまのものはボルタ電池の発明（1800年ごろ）を原型とし，ルクランシェによるマンガン電池の考案(1866年)をきっかけに発展した．とりわけ昨今，携帯電話やノートパソコンを始めとするいろいろな携帯機器が生まれたり，発電効率の改善や車燃料の脱ガソリン化が注目を集めていることもあって，研究面でも市場面でも電池は花形の一つになってきた．

 電池は現在，日進月歩の展開を見せ，数年前の本はもう古いといった状況にある．この章では，できるだけ基礎的な素材をつかい，バラエティ豊かな"電池ワールド"の一端をのぞいてみよう．

10.2 電池のつくり

 酸化剤が正極，還元剤が負極となるのは自明でも，それだけでは電池にならな

> ## バグダッド電池
>
> 　1932年，ドイツの考古学者ケーニッヒは，イラク・バグダッド近郊の遺跡から，2000年ほど前につくられた電池らしき物体を発掘した．高さ約10 cmの銅（正極？）の円筒容器内に鉄の棒（負極？）をつり下げたもので，むろん内部はひからびていたが，ワイン酢を注いだら0.8 V以上の電圧がでたという．
>
> 　これがもし"電池"なら，古代アラビアの貴族たちは，装飾品を金銀めっきするのにつかったのだろう．
>
> アスファルト／鉄棒／銅筒／不明の電解液／土器／アスファルト　　約10 cm

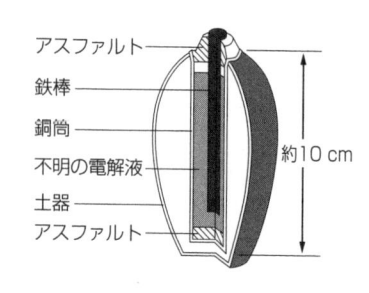

い．実用電池をつくるには，少なくとも次の六つをそろえ，しかるべく組み上げる必要がある．

- **正極活物質**（電子をもらう酸化剤．正極＝カソード＝になる）
- **負極活物質**（電子を出す還元剤．負極＝アノード＝になる）
- **電解質**（イオン伝導性の媒質）
- **セパレーター**（酸化剤と還元剤が混ざらないようにする膜）
- **集電体**（電子の供給源やシンクになる電子伝導体）
- **ケース**（以上を収納する容器）

わかりやすい例として，コイン型リチウム-マンガン一次電池のつくりを図10.1に描いた．

10.3　一次電池

活物質が消費されてしまえば寿命になる（つかい切りの）電池を**一次電池**という．実用の一次電池には表10.1のものがある．

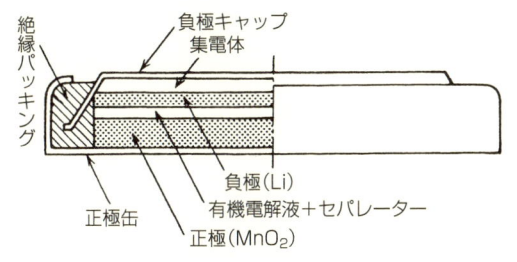

図 10.1 リチウム-マンガン電池の内部構造

表 10.1 おもな実用一次電池

名前	正極活物質	電解質	負極活物質	公称電圧・特徴・用途
マンガン乾電池	MnO_2	$NH_4Cl+ZnCl_2$, $ZnCl_2$水溶液	Zn	1.5 V. もっともポピュラーな乾電池で,いろいろな形のものがある.
アルカリマンガン乾電池	MnO_2	KOH 水溶液	Zn	1.5 V. 容量がマンガン乾電池の2〜10倍. 電圧の安定性もよい.
銀電池	Ag_2O	KOH または NaOH 水溶液	Zn	1.55 V. 高エネルギー密度. 小型精密機器の電源に普及. やや高価.
空気電池	O_2	KOH または NaOH 水溶液	Zn	1.3 V. 小型軽量で高エネルギー密度. 補聴器やポケットベルの電源に普及.
注水電池	AgCl	海水	Mg	1.6 V. 小型で短時間の大電流放電が可能. 海難救助用の電源に使用.
リチウム電池①	MnO_2	$LiBF_4$などの非水溶液	Li	3.0 V. 高エネルギー密度. カメラやコンピュータのバックアップ電源.
リチウム電池②	$(CF)_n$	$LiBF_4$などの非水溶液	Li	3.0 V. 同上.
リチウム電池③	$SOCl_2$(液体)	LiCl	Li	3.6 V. 出力が大きく, コンピュータのバックアップ電源などに使用.

10.3.1 マンガン乾電池

(i) **放電反応** 歴史のいちばん古いマンガン乾電池(ルクランシェ電池)は,電解質に塩化アンモニウム+塩化亜鉛をつかうものと,塩化亜鉛だけつかうものがある. 塩化アンモニウム入りの乾電池は

$$(-)\ Zn\ |\ NH_4Cl,\ ZnCl_2 混合水溶液\ |\ MnO_2 \cdot C\ (+) \tag{10.1}$$

と表され,放電反応は次式のように書く.

$$正極:MnO_2+H^++e^- \longrightarrow MnO(OH) \tag{10.2}$$

負極：$Zn \longrightarrow Zn^{2+} + 2\,e^-$ (10.3)

（ii）**反応の詳細** 反応を少しくわしく眺めよう．正極ではMnO_2が集電体（炭素）から電子e^-を受けとる．MnO_2は同じ結晶構造のまま$Mn(IV) \to Mn(III)$と価数を変え，電荷を中和するために電解液からH^+が侵入してくる．そのあとは，式(10.2)の化合物$MnO(OH)$ができるというみかたと，"還元されたMnO_2にH^+が近寄り，$Mn(III)O_2(H^+)$ のような状態ができる"というみかたがあり，まだはっきりしない．

負極の反応も単純な式(10.3)ではない．できたZn^{2+}は多くが

$$Zn^{2+} + 2\,NH_4Cl \longrightarrow Zn(NH_3)_2Cl_2 + 2\,H^+ \quad (10.4)$$

の反応で姿を変え，式(10.3)の逆反応を抑える．

塩化亜鉛だけつかう乾電池では，式(10.4)にあたる反応が

$$4\,Zn^{2+} + ZnCl_2 + 8\,H_2O \longrightarrow ZnCl_2 \cdot 4\,Zn(OH)_2 \downarrow + 8\,H^+ \quad (10.5)$$

となり，Zn^{2+}のほか水H_2Oも減るので，漏液の恐れが小さい．

10.3.2 アルカリマンガン乾電池

従来のマンガン乾電池に比べ活物質の量が数倍になって，長時間もつ．日本では1964年に生産が始まり，98年の年産量はマンガン乾電池14.9億個，アルカリマンガン乾電池（図10.2）14.3億個と，両者が肩をならべた．

乾電池と水銀

乾電池の負極にする亜鉛Znは，標準電極電位$E°$がかなり負だから，電解液の水とじわじわ反応して水素を発生し，電池が破裂する恐れがある．それを避けるには，負極の水素過電圧（p.67参照）を大きくすればよい．かつては，水素過電圧の大きい水銀を加えて亜鉛をアマルガム化していた．環境汚染を防ぐため水銀の添加は1991年に打ち切られ，いまは（やはり水素過電圧の大きい）アルミニウム，ビスマスなどで亜鉛を合金化している．

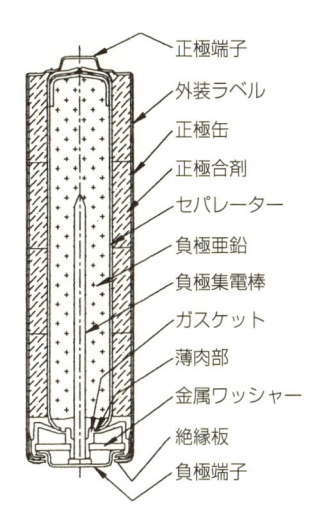

図 10.2　アルカリマンガン乾電池のつくり

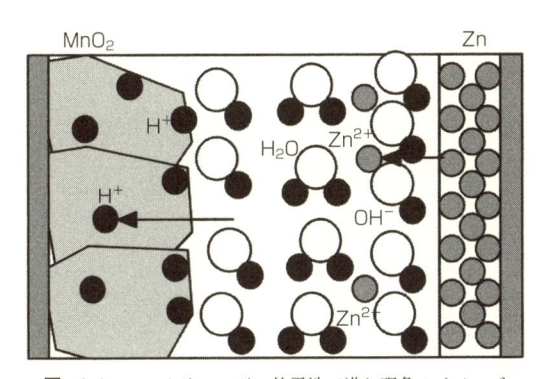

図 10.3　アルカリマンガン乾電池で進む現象のイメージ

放電反応は次のように書ける（図10.3）．

$$\text{正　極}：MnO_2 + H_2O + e^- \longrightarrow MnO(OH) + OH^- \tag{10.6}$$
$$\text{負　極}：Zn + 4\,OH^- \longrightarrow Zn(OH)_4^{2-} + 2\,e^- \tag{10.7}$$

負極でできた亜鉛酸イオン $Zn(OH)_4^{2-}$ は，やがて電解液中に飽和し，水酸化亜鉛の沈殿となる．

$$Zn(OH)_4^{2-} \longrightarrow Zn(OH)_2 + 2\,OH^- \tag{10.8}$$

さらに，正極反応で水が消費されると，水酸化亜鉛の脱水 $Zn(OH)_2 \longrightarrow ZnO + H_2O$ が進むので，負極の全反応は次式になる．

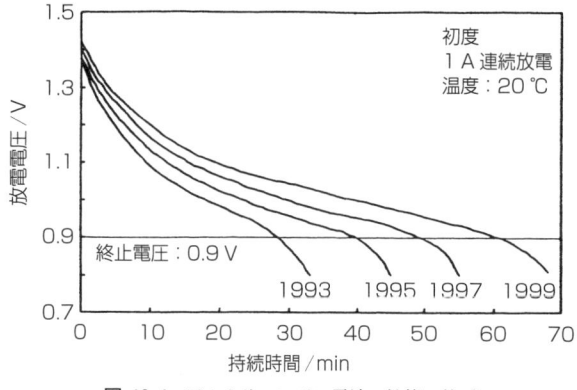

図 10.4　アルカリマンガン電池の性能の伸び

$$Zn + 2\,OH^- \longrightarrow ZnO + H_2O + 2\,e^- \qquad (10.9)$$

放電が進めば，活物質が消費される結果，電圧が落ちてくる．アルカリマンガン乾電池の場合，電圧が 0.9 V あたりまで落ちたら寿命とみる．そこで，一定の負荷（抵抗）をつないだり，一定の電流を流したりして放電させたとき，0.9 V に落ちるまでの時間を性能の目安とする．単 3 の乾電池でそういう試験をした例を図 10.4 に示す．1993 年から 99 年までの 6 年間に性能が大きく伸びたのがよくわかるだろう．

10.3.3　空気電池

空気電池（図 10.5）は，酸素 O_2 が正極活物質，亜鉛が負極活物質の電池で，放

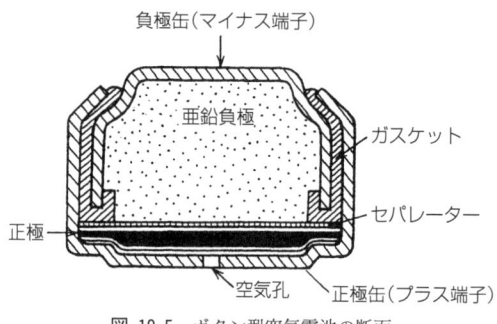

図 10.5　ボタン型空気電池の断面

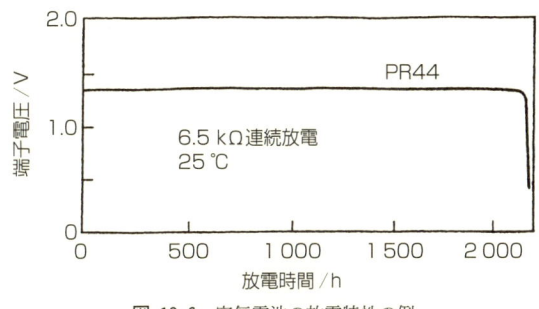

図 10.6　空気電池の放電特性の例

電反応は次の式に書ける．

正極：$O_2 + 2H_2O + 4e^- \longrightarrow 4OH^-$　　　$E° = +0.40\,V$ *vs.* SHE
(10.10)

負極：$Zn + 2OH^- \longrightarrow Zn(OH)_2 + 2e^-$　　$E° = -1.25\,V$ *vs.* SHE
(10.11)

酸素 O_2 は空気から連続供給され，その分だけ負極活物質の量をふやせるためエネルギー密度が大きく，また電圧の安定性もよい（図 10.6）．

10.3.4　リチウム電池

Li^+/Li 系は標準電極電位 $E°$ がもっとも負だから，リチウムを負極活物質にした電池は起電力が大きい．組み合わせる正極活物質としては，固体の MnO_2 とフッ化黒鉛 $(CF)_n$，液体の塩化チオニル $SOCl_2$ が名高い．$(CF)_n$ は，200～600 ℃ で炭素粉とフッ素 F_2 を反応させてつくる．

リチウムは水と反応するため，水溶液はつかえない．プロピレンカーボネート，γ-ブチロラクトンなどの**非水溶媒**（非プロトン性溶媒．付録⑫参照）にリチウム塩を溶かした電解液を用いる．電解質として以前は過塩素酸リチウム $LiClO_4$ をつかったが，安全面（爆発性）などから最近は四フッ化ホウ酸リチウム $LiBF_4$ や六フッ化リン酸リチウム $LiPF_6$ などにする．

正極が MnO_2 の電池（図 10.1）で，放電反応は次のように書ける．

正　極：$Mn(IV)O_2 + Li^+ + e^- \longrightarrow Mn(III)O_2(Li^+)$　　　(10.12)

負　極：$Li \longrightarrow Li^+ + e^-$　　（リチウム一次電池に共通）　　(10.13)

10.4 二次電池

放電と充電をくり返してつかえる電池を**二次電池**または**蓄電池**という．実用となっているおもな二次電池には表10.2のものがある．

10.4.1 鉛蓄電池

プランテの発明（1859年）から140年もたつ鉛蓄電池は，重くてエネルギー密度が小さいという欠点はあっても，安いし信頼性も高いため，容量の大きい蓄電池のうちでいまなお王座を占める．

（ⅰ）**充放電の反応** 鉛蓄電池は，充電時に濃度がほぼ30%（約4M）となる硫酸に正極PbO_2と負極Pbを浸す（図10.7）．4M H_2SO_4中で陰イオンは99.7%以上がHSO_4^-だから（付録③参照），放電反応は次のように書け，

正 極：$PbO_2 + 3H^+ + HSO_4^- + 2e^- \longrightarrow PbSO_4 + 2H_2O$

$$E° = +1.63\text{ V } vs.\text{ SHE} \qquad (10.14)$$

負 極：$Pb + HSO_4^- \longrightarrow PbSO_4 + H^+ + 2e^-$

$$E° = -0.30\text{ V } vs.\text{ SHE} \qquad (10.15)$$

全反応は次式となる．

表 10.2 おもな実用二次電池

名前	正極活物質	電解質	負極活物質	公称電圧・特徴・用途
鉛蓄電池	PbO_2	H_2SO_4	Pb	2.0 V．信頼性・経済性の高い代表的な二次電池．おもに自動車用の電源．
ニッケル-カドミウム電池	NiOOH	KOH	Cd	1.2 V．長寿命で過充電・過放電に耐え，ひげそりや玩具に広く普及．
ニッケル-金属水素化物電池	NiOOH	KOH	MH	1.2 V．高エネルギー密度．モバイル機器に普及．自動車用に期待される．
ニッケル-鉄電池	NiOOH	KOH	Fe	1.3 V．安価で環境汚染のない材料だが，自己放電が大きい．
リチウムイオン電池①	Li_xCoO_2	$LiBF_4$など	C_6Li	3.6 V．高エネルギー密度．モバイル機器に普及．大型化の研究途上．
リチウムイオン電池②	$Li_xMn_2O_4$	$LiBF_4$など	C_6Li	3.7 V．安価．ノートパソコンなどに一部普及．

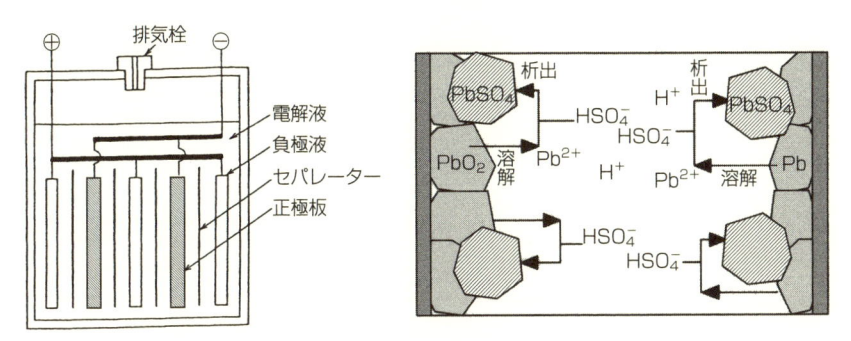

図 10.7 鉛蓄電池の構成（単電池，左）と放電反応のイメージ（右）

$$PbO_2 + Pb + 2H_2SO_4 \underset{放電}{\overset{充電}{\rightleftarrows}} 2PbSO_4 + 2H_2O$$

$$\Delta E° = 1.93\text{ V}\text{（実測値 2.0 V）} \tag{10.16}$$

(ii) **極板（ペースト式）**　酸化鉛(II) PbO を主体としたペーストを鉛合金の格子に塗り，その 2 枚を対向させ硫酸中で充電すると，陽極は PbO_2 に，負極は Pb になってくる．

10.4.2 ニッケル-カドミウム電池

正極をオキシ水酸化ニッケル NiOOH，負極をカドミウム Cd とし，アルカリ性水溶液を電解液にした電池で，放電反応と全電池反応は次のように書ける．

正　極：$NiOOH + H_2O + e^- \longrightarrow Ni(OH)_2 + OH^-$

$$E° = +0.52\text{ V }vs.\text{ SHE} \tag{10.17}$$

負　極：$Cd + 2OH^- \longrightarrow Cd(OH)_2 + 2e^-$

$$E° = -0.80\text{ V }vs.\text{ SHE} \tag{10.18}$$

全反応：$2NiOOH + Cd + 2H_2O \underset{充電}{\overset{放電}{\rightleftarrows}} 2Ni(OH)_2 + Cd(OH)_2$

$$\Delta E° = 1.32\text{ V} \tag{10.19}$$

1900 年ごろ発明されたニッケル-カドミウム電池は，日本では 63 年に生産が始まり，80 年代からコードレス機器などの電源に広くつかわれている．

鉛蓄電池の中で水は分解しないのか？

鉛蓄電池の電圧は 2 V くらいある．理論分解電圧 1.23 V の水は，電池そのものの電圧で分解しないのだろうか？　また，充電のとき電圧は 2.7 V あたりまで上がるが，それでも平気なのか？　じつはここでも，マンガン乾電池の場合 (p. 152) と同じく過電圧が効いている．負極 Pb の水素過電圧はかなり大きく (p. 67 参照)，正極 PbO_2 の酸素過電圧も大きいので，水の分解はきわめて進みにくい．

とはいえ，水の分解をゼロにはできない．幸い，充電のとき陽極で発生した酸素は，陰極まで拡散していくと，次の反応で陰極に吸収される．

$$2\,Pb + 2\,H_2SO_4 + O_2 \longrightarrow 2\,PbSO_4 + 2\,H_2O \qquad ①$$

これをスムースに起こすため，セパレーターにガス透過性をもたせる．また，反応 ① でできた $PbSO_4$ は充電のとき Pb に還元されるので，陰極から水素は発生しない．

そのほか，$2\,H_2 + O_2 \longrightarrow 2\,H_2O$ の反応を促す触媒をつかう方法もある．

いずれにせよ一次電池も二次電池も，水を電解液につかうかぎり大きな電圧は出せないし，気体の発生を抑える手だてが必要になる．

10.4.3 ニッケル-金属水素化物電池

ニッカド電池の負極を金属水素化物 MH に換えた電池 (通称：**ニッケル水素電池**．実用化 1990 年) で，負極反応と全電池反応は次のようになる．

$$\text{負　極}: MH + OH^- \longrightarrow M + H_2O + e^- \qquad (10.20)$$

$$\text{全反応}: MH + NiOOH \underset{充電}{\overset{放電}{\rightleftarrows}} M + Ni(OH)_2$$

$$\Delta E° = 1.32\,V \qquad (10.21)$$

この MH は，水素を吸収した水素吸蔵合金をいう．M には，ミッシュメタル(希土類元素の混合物) を Mm として，たとえば $MmNi_{3.55}Co_{0.75}Mn_{0.4}Al_{0.3}$ といった組成の金属を用いる．

ニッケル-金属水素化物電池は，モバイル機器や携帯ビデオカメラなどに普及したほか，出力・エネルギー密度・寿命のバランスがよく，密閉化でき，材料も資

源・環境面の問題が少ないため，電気自動車用の電源として期待され，大型化と低コスト化に向けた研究開発が行われている．

10.4.4 リチウムイオン電池

固体のうちには，すき間の多い結晶構造をもつものがある．そうした固体が正極となり，電子 e^- を受けとったとき等量の 1 価陽イオンがすき間に入ってくれば，電流が流れる．負極もその陽イオンが出入りするすき間をもつなら，同じ陽イオンが正極と負極を行き来する二次電池ができるだろう．

その一例に，充電された状態の正極が $Li_{0.5}CoO_2$，負極が C_6Li の組成をもち，約 4 V の電圧を出す**リチウムイオン電池**（実用化 1992 年）があり，放電反応と全電池反応は次のように表される．

$$\text{正 極：} 2\,Li_{0.5}CoO_2 + Li^+ + e^- \longrightarrow 2\,LiCoO_2 \tag{10.22}$$

$$\text{負 極：} C_6Li \longrightarrow C_6 + Li^+ + e^- \tag{10.23}$$

$$\text{全反応：} C_6Li + 2\,Li_{0.5}CoO_2 \underset{\text{充電}}{\overset{\text{放電}}{\rightleftharpoons}} C_6 + 2\,LiCoO_2 \tag{10.24}$$

リチウムイオン電池の電解液は，$LiPF_6$ などを溶かした非水溶媒（エチレンカーボネートなどの混合溶媒）とする．

充放電のとき Li^+ は，図 10.8 のように正極と負極のすき間（ファンデルワールス層）を出入りするだけだから，原理上は電池内で物質の変化はなく，Li^+ の量も最小限でよい．また，Li^+ が金属 Li にまで還元されてしまうと，樹枝状結晶（デン

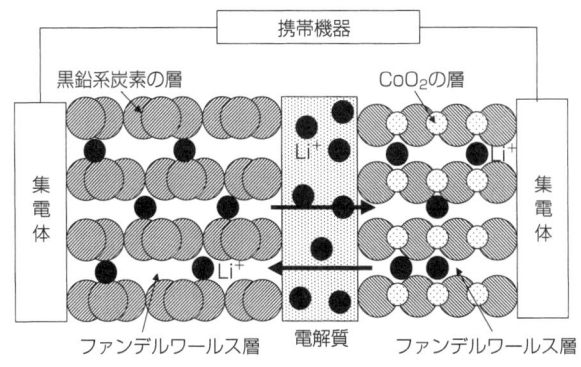

図 10.8 リチウムイオン電池で進む充放電反応のイメージ

乾電池はなぜ充電できない？

乾電池は充電できないといわれる．なぜだろう？　その理由は，充電できる二次電池の反応を眺めればわかってくる．

　放電反応の生成物が電極表面から逃げず，しかも逆反応がスムースに進むなら，電池は充電できる．鉛蓄電池やニッケル-カドミウム電池では，活物質も生成物も固体なので表面から逃げない．ニッケル-金属水素化物電池は，両極に水素イオン H^+ が出入りするだけ．それを Li^+ にかえたのがリチウムイオン電池にほかならない．こうした事情だから二次電池は充電できる．

　かたやマンガン乾電池 (p.152) は，負極の Zn が Zn^{2+} や錯イオンに変わって電解液に溶け出し，極板から遠ざかってしまう．正極にもぐりこんだ（あるいは $MnO(OH)$ に組みこまれた）H^+ も簡単にはでてこない．そんな悪条件のもとでうっかり大きな逆電圧をかけると，逆反応ではなく水の電解が進んで水素や酸素が発生し，電池が破裂しかねない．

　ただし，電圧と電流をきびしく制御して行えば乾電池も充電できる．が，それには高級な（もちろん高価な）装置が必要だし，回復するパワーも新品の半分にとうてい届かないので，苦労と投資に見合う話では絶対にない．

　以上の理由により，乾電池は充電してはいけない．

ドライト）が成長して短絡や劣化を起こすが，そういう還元は進まないので電池の安定性も高い．

　小型のリチウムイオン電池は，すでにモバイル機器などの電源として広く普及した．2001 年現在，エネルギー密度の高さに注目が集まり，電気自動車用などへの大型化が進められている．

10.5　燃料電池

　燃料とよばれる物質は，酸素と反応したときのギブズエネルギー変化 $\Delta_r G$ が大きい．この $\Delta_r G$ を電気エネルギーに変えるしくみを**燃料電池**という．充電できないところは一次電池の一種だが，活物質を外から連続供給するためふつうは別扱

表 10.3 おもな燃料電池

タイプ	燃料	電解質（導電イオン）	動作温度・特徴など
リン酸型 (PAFC)	H_2	H_3PO_4 (H^+)	170〜200 °C. 貴金属触媒（Ptなど）が必要. 1998年から商用化.
溶融炭酸塩型 (MCFC)	H_2, CO	Li_2CO_3-K_2CO_3 溶融塩 (CO_3^{2-})	約650 °C. 貴金属触媒が不要. 酸化剤に CO_2 をまぜる. 実用化への実証試験中.
固体酸化物型 (SOFC)	H_2, CO	安定化ジルコニア (O^{2-})	約1000 °C. 貴金属触媒が不要. 高温下の材料劣化が課題で, 低温化を研究中.
固体高分子型 (PEFC)	H_2, CH_3OH	陽イオン交換膜 (H^+)	60〜100 °C. 貴金属触媒が必要. 電気自動車用として開発が活発化.

いにする．

以下では，全反応が

$$H_2 + (1/2)O_2 \longrightarrow H_2O \tag{10.25}$$

となる**水素-酸素燃料電池**だけ眺めよう．$\Delta_r G$ は動作温度 T で変わり，数百 °Cまでの範囲なら $\Delta H° = -285.83$ kJ mol^{-1}, $\Delta S° = -163.3$ J mol^{-1} K^{-1}（水蒸気を考えるときは $\Delta H° = -241.82$ kJ mol^{-1}, $\Delta S° = -44.4$ J mol^{-1} K^{-1}）とした式

$$\Delta G = \Delta H° - T\Delta S° \tag{10.26}$$

で見積もってよい．最大起電力は $-\Delta G/(2F)$ となる．

代表的な燃料電池（酸化剤はどれも酸素 O_2）を表10.3にあげた．

10.5.1 リン酸型燃料電池

燃料の H_2 はふつう都市ガス (CH_4) の改質で得るため，電池本体のかなりの部分を改質器が占める．水素と酸素（空気）を図10.9のように流して発電する．電極は，多孔質の触媒層と支持層を集電体（炭素系）に張りあわせる．

この燃料電池は発電効率が約40%で，発生する熱も利用する"コジェネレーション"型の総合効率は80%前後になり，長期運転の実績もあるため，100〜200 kW のものが1998年から商用段階に入った．

10.5.2 溶融炭酸塩型燃料電池

構造は図10.9とほぼ同じだが，炭酸塩混合物を約650 °Cに加熱した溶融塩を電解液につかう（余談ながら，高校の化学教科書に出てくる"融解塩"という用

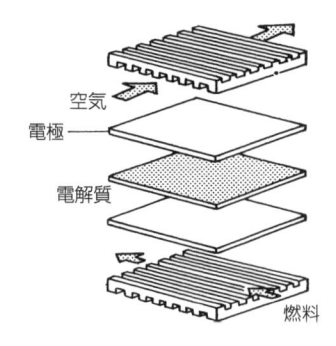

図 10.9 リン酸型燃料電池の構造イメージ

語は，研究や産業の現場には存在しない．p.33 も参照）．

電池反応はいっぷう変わっていて，正極には酸素 O_2 と一緒に二酸化炭素 CO_2 を供給する．

$$正 \quad 極 \text{（NiO）：} (1/2)O_2 + CO_2 + 2\,e^- \longrightarrow CO_3{}^{2-} \tag{10.27}$$

$$負 \quad 極 \text{（Ni 合金）：} H_2 + CO_3{}^{2-} \longrightarrow CO_2 + H_2O + 2\,e^- \tag{10.28}$$

燃料が一酸化炭素 CO のとき，負極反応は次式になる．

$$負 \quad 極: CO + CO_3{}^{2-} \longrightarrow 2\,CO_2 + 2\,e^- \tag{10.29}$$

溶融炭酸塩型燃料電池は，数万時間の連続運転データが得られ，1 MW 発電プラントの実証試験が行われている．

10.5.3 固体酸化物型燃料電池

電解質を含むすべての部品を固体にした燃料電池で，電解質（おもにイットリア安定化ジルコニア．p.138 参照）の O^{2-} 導電率を上げるために約 1 000 °C の高温が必要となる．

円筒方式の電池は図 10.10 のような構造をもつ．正極には $La_{1-x}Sr_xMnO_3$ ($x=$ 0.1～0.2) などの**混合伝導性酸化物**を，負極には Ni ＋安定化ジルコニアの多孔質焼結体をつかい，放電反応は次のように書ける．

$$正 \quad 極: (1/2)O_2 + 2\,e^- \longrightarrow O^{2-} \tag{10.30}$$

$$負 \quad 極: H_2 + O^{2-} \longrightarrow H_2O + 2\,e^- \tag{10.31}$$

動作温度が高いから，部品どうしの反応や，熱膨張率の差による構造劣化などに注意しなければいけない．また，少し低い温度（800 °C 内外）で高いイオン導

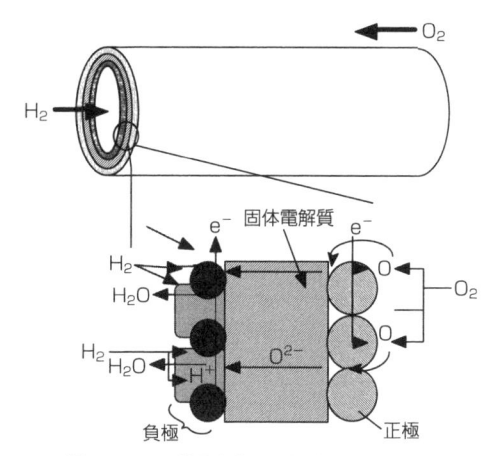

図 10.10　固体酸化物型燃料電池のイメージ

電率を示す電解質材料の探索も行われている．

10.5.4　固体高分子型燃料電池

リン酸型燃料電池の電解質をフッ素系イオン交換性高分子膜（Nafion® など．p.140参照）にかえ，部品をみな固体にした電池．1960年代のジェミニ宇宙船につかわれたのち停滞期はあったが，イオン導電率の高い膜が開発され，構造の単純さ（図10.11）にも注目が集まり，近年また脚光を浴びている．

出力密度が $0.4\ \mathrm{W\ cm^{-2}}$ 以上と高いほか，フル出力になるまでの時間が1分以内と短く，80℃前後の温度で作動するため，燃料電池自動車の電源化をめざした開発研究が進んでいる．

10.6　電池の電解質

電池用の電解質（溶液をつかう場合は電解液）についてふり返っておこう．電解質は，イオン導電率が高く，分解電圧が大きいものが望ましい．

（ⅰ）**水溶液系**　マンガン乾電池，鉛蓄電池，ニッケル-金属水素化物電池など，水溶液をつかう電池は，モル導電率の大きい H^+ や OH^-（表8.3参照）が電流を運ぶところがすぐれている．半面，分解電圧が小さいため，充電状態でわずか

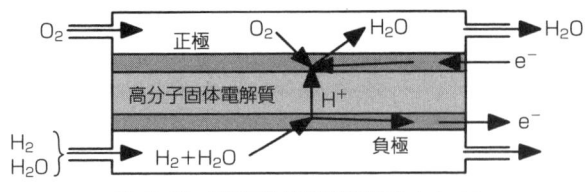

図 10.11 固体高分子型燃料電池のイメージ

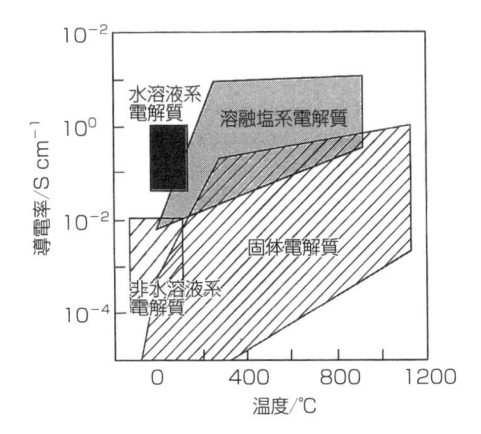

図 10.12 電解質のイオン導電率と温度の関係

にせよ水素と酸素が発生しやすい（自己放電）．

（ii）**非水溶液系**　水溶液より導電率が小さい．たとえば電解質$(C_2H_5)_4N^+BF_4^-$を濃度1Mで溶かしたプロピレンカーボネートは$\kappa \fallingdotseq 10^{-2}$ S cm^{-1}しかない．しかし分解電圧が大きく（いまの電解質だと，電流密度が0.1 mA cm^{-2}以下にとどまる電位域は約5Vにも及ぶ），そのぶん高い電圧の電池がつくれる．リチウムイオン電池の電圧が4V近くになる理由もそこにある．

（iii）**溶融塩系**　無機塩や特殊な有機塩を加熱し，イオン性の融体としたもので，イオン導電率は一般に高い．溶融炭酸塩型燃料電池では，Li_2CO_3，Na_2CO_3，K_2CO_3の混合物にして融解温度を下げている．燃料電池の電圧はむろん水の分解電圧を越えない．有機系の溶融塩には，常温で融解する$AlCl_3$-1-ブチルピリジニウムクロリドがある．

（iv）**固体電解質**　無機または高分子マトリックス中をイオンが動くため，導電率を十分な値とするには温度を上げなければいけない．

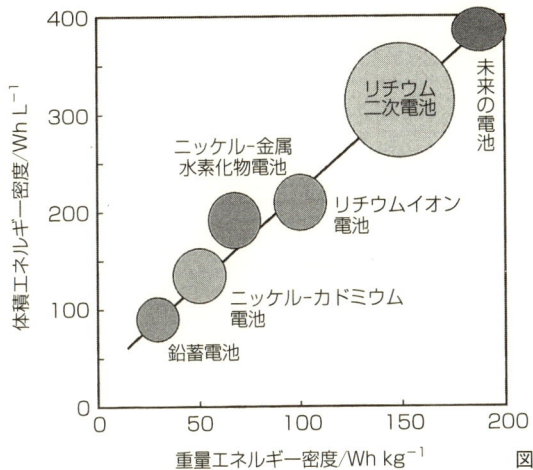

図 10.13 二次電池のエネルギー密度

以上 4 種の電解質につき，温度と導電率のあらましを図 10.12 にまとめた．電池の開発では，つかう温度範囲ですぐれた性質を示す電解質の探索もたいへん重要な課題となる．

10.7 電池のエネルギー密度

二次電池では，重量や体積あたりどれほどの電気エネルギーを蓄えるか（**エネルギー密度**）が大切な因子になる．活物質からケースまで，電池の構成部品すべてを考えたときのエネルギー密度を，代表的な二次電池について図 10.13 にまとめてある．このうち，本文で説明しなかった"リチウム二次電池"は，金属リチウムを負極につかう電池で，安全性や操作性の改善に向けた努力がいま続けられている．

図中の単位 Wh は 3.6 kJ にあたる．この図から，二次電池がエネルギー密度をどんどん上げてきた事実がよく読みとれるだろう．

演習問題

10.1 表 10.1 にある銀電池の電池反応は $Ag_2O + Zn \longrightarrow 2\,Ag + ZnO$ と書ける．$\Delta_f G°$ の表（付録④）から理論電圧を見積もれ．

(1.59 V)

10.2 マンガン乾電池について，正極の放電反応を

$$2\,MnO_2 + 2\,H^+ + 2\,e^- \longrightarrow Mn_2O_3 \cdot H_2O$$

とみるとき，この電子授受平衡の $E°$ は $+0.98\,V$ *vs.* SHE となる．関係する物質すべての活量が1なら，電池の電圧は何Vか．また，$Mn_2O_3 \cdot H_2O$ の標準生成ギブズエネルギー $\Delta_f G°$ は何 $kJ\,mol^{-1}$ か．

(1.74 V, $-1119\,kJ\,mol^{-1}$)

10.3 アルカリマンガン乾電池で，負極の最終的な放電反応を式(10.9)とみたとき，全電池反応はどうなるか．

10.4 塩化チオニルをつかうリチウム一次電池の正極では，二酸化硫黄 SO_2，硫黄 S，塩化リチウム LiCl が生じる．正極反応を推定せよ．

10.5 水素-酸素燃料電池の最大電圧は，$100\,°C$，$200\,°C$，$600\,°C$ のとき何Vとなるか．生成物を $H_2O(l)$ および $H_2O(g)$ として見積もれ．

($H_2O(l)$：1.17 V，1.08 V，0.74 V；
$H_2O(g)$：1.17 V，1.14 V，1.05 V)

10.6 式(10.27)と（10.28）を足せば式(10.25)になるのを確かめよ．

10.7 電池の重量エネルギー密度は，図10.13では電池本体の重量をもとに計算してあるが，活物質だけの重量をもとに計算することも多い．次の一次電池・二次電池について，そうした理論エネルギー密度（単位 $Wh\,kg^{-1}$）を計算してみよ．原子量は付録②の値を，電圧は表10.1，表10.2の値をつかうこと．

① ダニエル電池（銅-亜鉛電池）
② マンガン乾電池
③ リチウム-マンガン一次電池
④ 鉛蓄電池
⑤ ニッケル-カドミウム電池
⑥ リチウムイオン電池（$LiCoO_2$ 型）
⑦ リン酸型燃料電池（$T = 200\,°C$，生成物は水蒸気とする）

(① 457 Wh kg^{-1}，② 336 Wh kg^{-1}，③ 856 Wh kg^{-1}，
④ 240 Wh kg^{-1}，⑤ 217 Wh kg^{-1}，⑥ 878 Wh kg^{-1}，
⑦ 3390 Wh kg^{-1})

11 光と電気化学

- 光の本性はどのようなものだろう？
- 光を吸収した物質は，吸収する前とどうちがうのか？
- 光エネルギーはどんな原理・手段で利用できるのだろう？
- 植物は太陽光エネルギーをどれほどの効率で変換できるのか？

11.1 超高速のミニ電池

　アインシュタインのノーベル賞（1921年）受賞業績は相対性理論ではなく，光の素顔の解明だった．彼は1905年，光電効果の解析をもとに，光が"エネルギーをもつ粒の集まり"だと証明している．光の粒を**光子**（こうし）（photon）という．

　光子のイメージをつかめば，紫外線のこわさも，太陽光発電や光合成のしくみも真の姿がわかってくる．

11.1.1 電磁波と光

　電場と磁場が振動しながら秒速30万kmで進む波を**電磁波**という．電磁波は波長で15桁以上にも及ぶため，便宜上，作用や用途に応じて区分けする（図11.1）．ごくせまい波長域（400〜750 nm）の電磁波は，ヒト網膜の視物質ロドプシンに

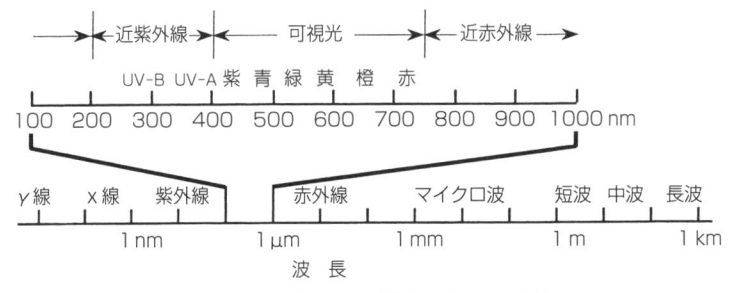

図 11.1 波長による電磁波の大まかな分類

吸収される（目に見える）ので可視光という．

11.1.2 光子のエネルギーと個数

アインシュタインは，波と粒子の性質を次式で結びつけた．

$$\varepsilon_p = h\nu \tag{11.1}$$

ε_p は光子1個のエネルギー，ν は波とみたときの振動数で，比例係数 $h = 6.626 \times 10^{-34}$ J s を**プランク定数**という．光の速さ $c = 2.998 \times 10^8$ m s^{-1} を波長 λ m で割ったのが ν だから，上式は次のように書き直せる．

$$\varepsilon_p = hc/\lambda \tag{11.2}$$

波長を nm（10^{-9} m）単位にすると，近紫外～近赤外で値が 200～1000 と簡単になる．さらに ε_p を eV 単位（p.23 参照）にすれば，h と c を数値化して次の関係が成り立ち，ε_p の値が 1～6 に納まる．

$$\varepsilon_p = 1240/\lambda \tag{11.3}$$

可視光（$\lambda = 400$～750 nm）は ε_p が 1.7～3.1 eV になる．また式(2.5)より，光子 1 mol は 160～299 kJ mol^{-1} の（ギブズエネルギーに等価な）エネルギーをもつ．なお，光子 1 mol をときに 1 E（アインシュタイン）と表す．

太陽が真上にあるとき地面の光エネルギー密度は約 1 kW m^{-2} で，うち可視光が約 45% を占める．可視光を波長 500 nm の光とみてはじくと，地面の 1 m^2 には毎秒 10^{21} 個（0.0016 mol）ほど"見える光子"が降ってくることになる．

11.1.3 光子の吸収

光の吸収とは，物質内の電子が光子のエネルギーを受けとり，高いエネルギー状態になる現象をいう．ふつうの条件下で，**1個の分子や原子は1個の光子を吸収する**．このきれいな関係を**光化学当量則**とよぶ．

物質をつくっている分子の電子は，とびとびのエネルギーをもつ．光子を吸収する前を**基底状態**(ground state)，吸収したあとを**励起状態**(excited state)という．分子に固有の電子エネルギー準位のうち，電子が占めた準位（基底準位）1本と，空の準位（励起準位）2本だけに注目すれば，光の吸収は図 11.2 のようなモデルに描ける．

ε_p が $\Delta\varepsilon_1$ より小さい光子は物質を素通りし，光吸収は $\varepsilon_p \geq \Delta\varepsilon_1$ のときに起こる．

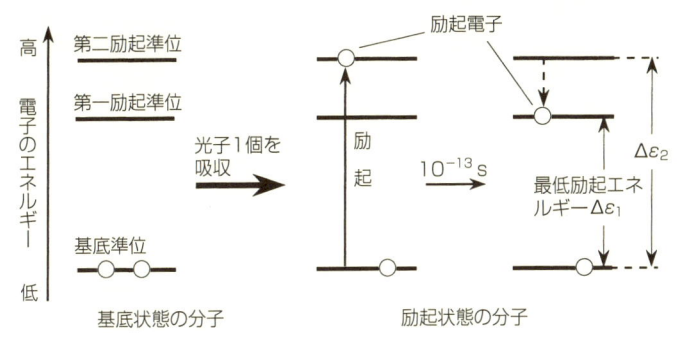

図 11.2 物質の光吸収（分子の場合）

ε_p が大きくて $\Delta\varepsilon_2$ あたりになると，電子はいったん第二励起準位へ上がるが，10^{-13} s ほどの時間（原子間振動の1周期）内に第一励起準位まで落ちる．そして，どんな光化学変化もこの第一励起準位から始まる．

電子エネルギーを電位に翻訳すると，光を吸収したときは1個の電子が $\Delta\varepsilon_1$ 相当分だけ正から負の電位へ動く．可視光は $\varepsilon_p = 1.7\sim3.1$ eV なので，電圧 $1.7\sim3.1$ V 分だけ電子を動かすのに等しい．そのため可視光は"起電力 $1.7\sim3.1$ V のミニ電池の集まり"とみてよい．

11.1.4 光吸収の強さ：ランベルト・ベールの式

モル濃度 c M，厚さ l cm の溶液層に強度 I_0 の単色光（一定波長の光）が入射し，一部が吸収されて出口強度が I のとき，次の式が成り立つ．

$$I = I_0 \, 10^{-\varepsilon cl} \tag{11.4}$$

これを**ランベルト・ベール**（Lambert-Beer）**の式**，$A \equiv \log_{10}(I_0/I) = \varepsilon cl$ を**吸光度**（absorbance）という．比例係数 ε（**モル吸光係数**．単位 M^{-1} cm^{-1}）は物質に固有の光吸収能を反映し，もっとも光吸収能の大きい物質で約 10^5 の値をもつ．A と波長 λ の関係が物質の吸収スペクトルにほかならない．

11.2 励起状態の性質

11.2.1 励起分子の寿命

光吸収で生まれた励起分子は，光子のエネルギー分だけ活性になる．そのため，

11.2 励起状態の性質

褪(あ)せやすい色

　紫〜青の光を吸収する物質は黄色に見える．紫〜青は可視光のうち光子エネルギー ε_p が最大だから，物質をつくっている分子はそれだけ活性になり，ほかの色を示す物質より分解しやすい．そのためポスターの色は黄系統から褪せていく．ただし同じ黄でも無機物質（路面表示用のカドミウム化合物など）は分解に耐える．また有機物質のうち，新幹線の胴体に塗ってある青と緑のフタロシアニン類はたいへん頑丈なので，直射日光に長時間さらされてもほとんど分解しない．

　安定な基底状態に戻ろうとして，余計なエネルギーを熱や光の形で放出するか（無輻射(ふくしゃ)遷移），別の分子に渡す（エネルギー移動）．ときには分子内の結合が切れたり，別の分子と化学反応したり（光化学反応），あるいはほかの分子と電子を授受したりする（次項）．

　こういう変化はみな1億分の1秒（10^{-8} s）ほどで終わる．ふつうの光源は光子密度がたかだか 10^{18} cm^{-2} s^{-1} なので，並のサイズ（断面積 1 nm × 1 nm = 10^{-14} cm^2）の分子は，10^{-4} s あたり 1 個しか光子を受けとれない．10^{-4} s は 10^{-8} s の 1 万倍も長いため，励起状態の分子がもう1個の光子を吸収する確率は 0.01% 以下にとどまる．だから光化学当量則が成り立つ．

11.2.2　光励起と酸化還元力

　分子が電子授受する電位を，基底状態と励起状態で比べよう．分子の光励起は図 11.3 のイメージに描ける．基底状態の分子 P は電位 $E^{o\prime}(\mathrm{P^+/P})$ で電子を出し，電位 $E^{o\prime}(\mathrm{P/P^-})$ で電子を受けとる．

　励起状態になると，電子放出電位は $E^{o\prime}(\mathrm{P^+/P^*})$ に，受容電位は $E^{o\prime}(\mathrm{P^*/P^-})$ に変わる．変化の幅は励起エネルギー $\Delta\varepsilon_1$ 相当の電位差だから，酸化力も還元力も励起エネルギー分だけ強まる．$\Delta\varepsilon_1$ が可視光の中央にあたる 2.4 eV なら，電位のシフトは 2.4 V に及ぶ．標準電位の広がりがせいぜい 6 V だという事実（p. 44 参

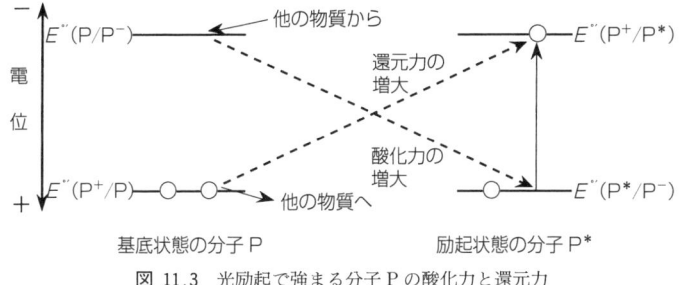

図 11.3 光励起で強まる分子 P の酸化力と還元力

照）を思い起こせば，光のパワーを実感できよう．

11.3 光反応の効率

光反応の"よさ・悪さ"は 2 種類の指標で表せる．

11.3.1 量子収率

反応した物質の量は粒子の個数に直せるし，光子の個数も数えられる．吸収光子 1 個あたりに変化した粒子（分子や電子）の数を**量子収率** ϕ という．

$$\phi = \frac{\text{変化した粒子（分子・イオン・電子）の数}}{\text{物質系が吸収した光子の数}} \leq 1 \quad (11.5)$$

量子収率は次のように求める．まず，単色光を光電池か特別な光反応系（通常はどちらも $\phi \fallingdotseq 1$）にあて，電流値または反応量から毎秒の**入射光子数**を出す．次に，反応させたい物質系の吸光度 A をはかり，光吸収率（$=1-10^{-A}$）を入射光子数にかけて**吸収光子数**にする．そのあと，調べたい単色光を一定時間あてて反応量をはかり，それを吸収光子数で割る．

電子授受を伴う光反応では，反応量は"動いた電子の量"に換算する（酸素 1 mol が発生したら，電子 4 mol が動いたとみる）．

11.3.2 光エネルギー変換効率

もう一つ，**光エネルギー変換効率** η を次式で定義する．

$$\eta = \frac{\text{出力（化学エネルギー，電気エネルギー）}}{\text{入力（光エネルギー）}} \leq 1 \tag{11.6}$$

出力の化学エネルギーは，光吸収によって起きた反応のギブズエネルギー変化 $\Delta_r G°(>0)$ とする．

入力として，あてた光エネルギーの総量を考えるか，物質系が吸収したエネルギーだけ考えるかで，η は大きく変わる．波長分布の広い太陽光などをつかう場合は，何を入力と考えたか明記しないと効率の良し悪しは判断できない．太陽電池や光合成の η は，ふつう太陽光の総エネルギーを分母にする．

太陽が真上にあるとき，面積 $1\,\mathrm{m}^2$ を占める物質系の光反応で水を分解し，1時間に $1.0\,\mathrm{L}$ の水素がでたとしよう．出力は $\Delta_r G°$（水素 $1\,\mathrm{mol}$ につき $237.13\,\mathrm{kJ}$．p. 37 参照）から $9.7\,\mathrm{kJ}$，かたや入力は（総エネルギーをつかえば）$1\,\mathrm{kJ\,s^{-1}} \times 3600\,\mathrm{s} = 3600\,\mathrm{kJ}$ なので，$\eta = 9.7 \div 3600 = 2.7 \times 10^{-3}$ つまり 0.27% となる．

以下では，光電子移動のからむ話題を三つ紹介したい．

11.4 半導体の光電極反応

いままでは暗黙のうちに電極は金属と考えていた．しかし半導体も電極になって，金属にない特徴を示す．それを不純物半導体について眺めよう．

11.4.1 半導体のエネルギー状態

孤立した粒子（原子，イオン，分子）は，とびとびの電子エネルギー準位をもち，下から一定のエネルギー値までの準位は電子が入って，そこより上は空いている（図11.2）．粒子が集まって固体になるとき，電子の入った準位も空の準位も分裂し，それぞれ帯（バンド）状になる．これをエネルギー帯といい，電子が占めた帯を**価電子帯**，空の帯を**伝導帯**とよぶ．

金属では，価電子帯と伝導帯が重なりあっている（図3.1）．半導体や絶縁体では両者が重ならないため，電子は，ある範囲のエネルギー状態をとれない．そこを**禁制帯**とよぶ．

11.4.2 不純物半導体

電子を出しやすい原子（ドナー）Dを絶縁体に少し混ぜる（ドープする）と，固体内でD $\longrightarrow$ D$^+$＋e$^-$のイオン化が起こる．この電子e$^-$は，エネルギーが伝導帯の底を占め，固体内をかなり自由に動く．また，あとに残ったD$^+$は，伝導帯のすぐ下にエネルギー準位をもつが，結晶格子に組みこまれているため動けない．このように，不純物の生む電子が電流の運び手（キャリヤー）となる半導体を，n型半導体という（nはnegative＝負）．

いっぽう，電子を受けとりやすい原子（アクセプター）Aをドープすると，A＋e$^-$ $\longrightarrow$ A$^-$が起こって結晶内に電子の抜け穴（正孔h$^+$）ができる．正孔がキャリヤーとなる半導体をp型という（pはpositive＝正）．

他物質との間で授受される電子のエネルギー（フェルミ準位．図3.1）は，n型半導体では伝導帯の少し下，p型半導体では価電子帯の少し上にくる．以上のあらましを図11.4に描いた．

11.4.3 n型半導体の分極挙動

半導体と金属は，エネルギー帯の姿に加え，電荷密度にも大差がある．銅の自由電子密度は 8.5×10^{22} cm^{-3}，0.1 M KCl 水溶液のイオン濃度は 1.2×10^{20} cm^{-3} あるのに，半導体では電荷（電子や正孔）の密度が 10^{16}〜10^{18} cm^{-3} しかない．そのため，金属電極の場合とはちがって，分極したときの電位差は大部分が半導体

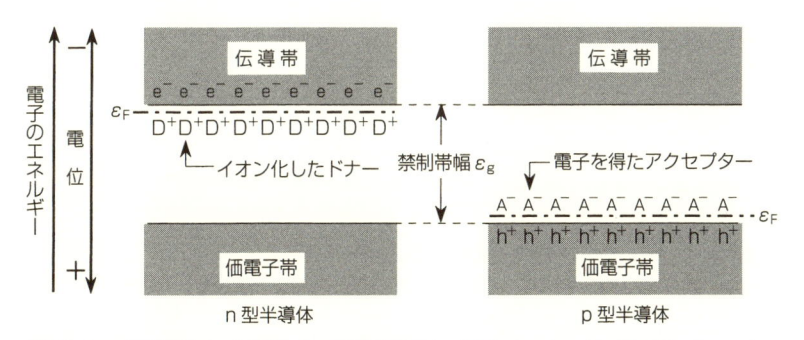

図11.4 n型半導体（e$^-$：電子）とp型半導体（h$^+$：正孔）のエネルギー帯モデル（ε_F：フェルミ準位）

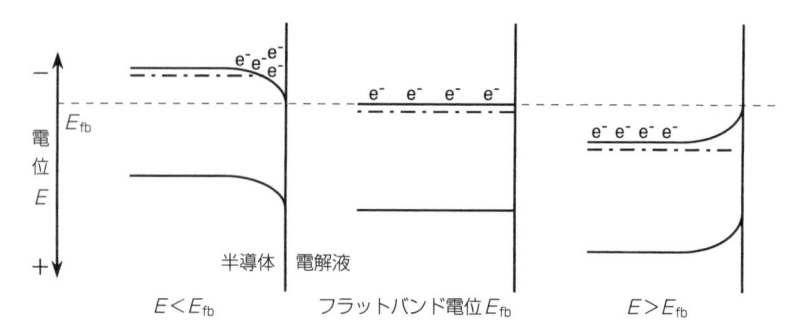

図 11.5 n 型半導体電極を分極したときのエネルギー帯

側に落ちる．そのようすを n 型半導体について図 11.5 に示した．

電極電位 E をある値にすると，表面からバルク（内部）までエネルギー帯が水平になる．この電位を**フラットバンド電位** E_{fb} という．$E<E_{fb}$ のとき，エネルギー帯は表面に向かって下に曲がり，表面の電子密度が高まるため，電解液に何か酸化体が溶けていれば還元（カソード）電流が流れる．

逆に $E>E_{fb}$ だと，バルクのエネルギー帯は押し下げられても，表面にエネルギーの壁が残ったままなので，酸化（アノード）電流は流れにくい．このように半導体電極の電解電流は，フラットバンド電位 E_{fb} をはさむどちらか一方の電位域だけで現れる（整流性）．

図 11.5 で電位差がおもに変わる部分を**空間電荷層**という（空間＝結晶格子＝に D^+ や A^- のような電荷が固定されているから）．空間電荷層の厚みは，電位差 $|E-E_{fb}|$ を ΔE，ドナー密度を N_D として $(\Delta E/N_D)^{1/2}$ に比例し，常用される半導体電極で 10～100 nm 前後になる．

11.4.4　n 型半導体の光電極反応

TiO_2 電極と白金電極を希硫酸に浸し，抵抗を介してつなぐ．その状態で TiO_2 の吸収する光（$\varepsilon_p>3.0\,eV$，$\lambda<410\,nm$）をあてれば，TiO_2 の伝導帯には電子 e^- が，価電子帯には正孔 h^+ ができる（図 11.6）．

SHE 基準の電位で，pH=0 のとき TiO_2 表面の伝導帯の底は $-0.25\,V$，価電子帯の端は $+2.75\,V$ にあたる．$E°(H^+/H_2)$（$0\,V$）も $E°(O_2/H_2O)$（$+1.23\,V$）もその中間にあるため，TiO_2 の伝導帯から外部回路を通って白金電極に達した電子

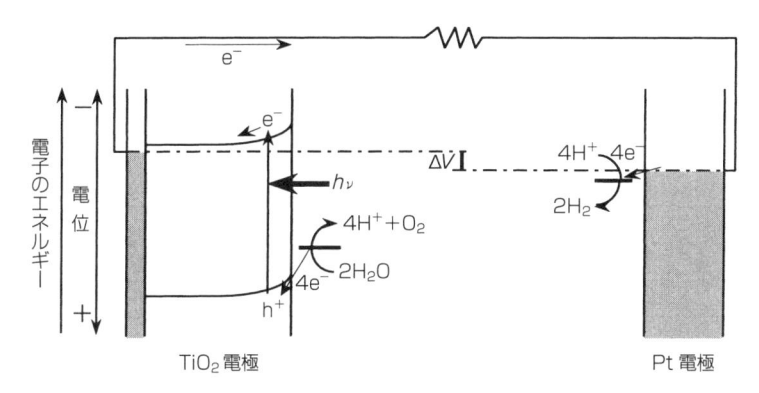

図 11.6 TiO_2電極の光励起により進む水の分解 $2H_2O \longrightarrow 2H_2+O_2$

は H^+ を水素 H_2 に還元でき，価電子帯の正孔は H_2O 分子を酸素 O_2 に酸化できる．その結果，H_2O が H_2 と O_2 に分解され，回路に電圧 ΔV も生まれる．

このように，半導体電極の光励起により $\Delta_r G° > 0$ の反応が進む現象は1970年代初頭に藤嶋・本多らが見つけ，**光増感電解**と名づけた．

I_3^-/I^- など可逆な酸化還元系を溶かした電解液をつかい，可視光を吸収する CdS や MoS_2 を光電極にした電池（**湿式光電池**）も70年代から研究の対象となり，太陽光エネルギー変換効率（後述）$\eta_s = 10\%$ レベルのものもできている．

11.4.5 分光増感

ハロゲン化銀粒子上の色素分子を励起すると，励起電子がハロゲン化銀の伝導帯に入り，格子間の Ag^+ を Ag に還元する．こうして生まれる Ag_4 をもつ粒子は，還元剤の水溶液（現像液）に入れるとそっくり還元（現像）されて黒くなる．この現象（分光増感，色素増感）が見つかった1873年以降，目の視感度にあう写真ができるようになった．

図 11.6 の電解液に I_3^-/I^- のような酸化還元系を溶かし，半導体電極に色素（増感色素）を吸着させて励起すれば，図 11.7 の電子授受が進んで光電池ができる．こうした系は1960年代後半〜70年代に研究されたが，比表面積の大きい多孔質 TiO_2 薄膜電極をつかうと $\eta_s ≒ 10\%$ の光電池ができることをスイスの Grätzel（グレーツェル）が報じた90年代初頭以来，再び注目を集めている．

図 11.7 半導体電極の分光増感

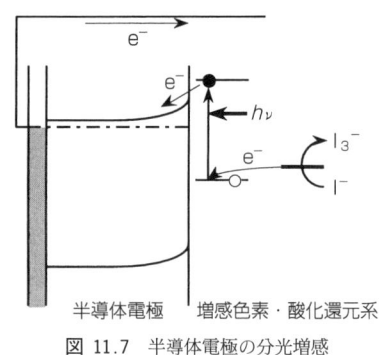

11.4.6 光触媒

TiO$_2$粉末を光励起したときも，表面では図 11.6 の TiO$_2$電極と似たプロセスが進む．価電子帯の端の電位 +2.75 V vs. SHE は標準電極電位 $E°$ の最高値 (+3.0 V) に近いため，正孔 h$^+$ は酸化力がたいへん強く，さまざまな物質を酸化できる．伝導帯の電子を受けとる物質も共存していれば，粉末は "ミニ TiO$_2$ 電極" となって酸化還元反応を駆動する．

こうした系を**光触媒**といい ($\Delta_r G° < 0$ の反応だけでなく $\Delta_r G° > 0$ の反応も起こすから，ふつうの触媒よりは意味が広い)，水の分解 (2 H$_2$O $\longrightarrow$ 2 H$_2$ + O$_2$)，環境汚染物質の分解，殺菌などに応用されている．

11.5 太陽電池

太陽電池は電気化学と直接の関係はないが，次項の光合成（天然の太陽光エネルギー変換系）と対比するために紹介しておきたい．

11.5.1 p-n 接合型太陽電池の原理

いわゆる p-n 接合型太陽電池は，図 11.8 に描いた原理ではたらく．

半導体のフェルミ準位（電子エネルギー）は，n 型と p 型でちがう（図 11.4）．二つを接合して導線でつなげば（図 11.8 A），フェルミ準位が一致する結果，接合

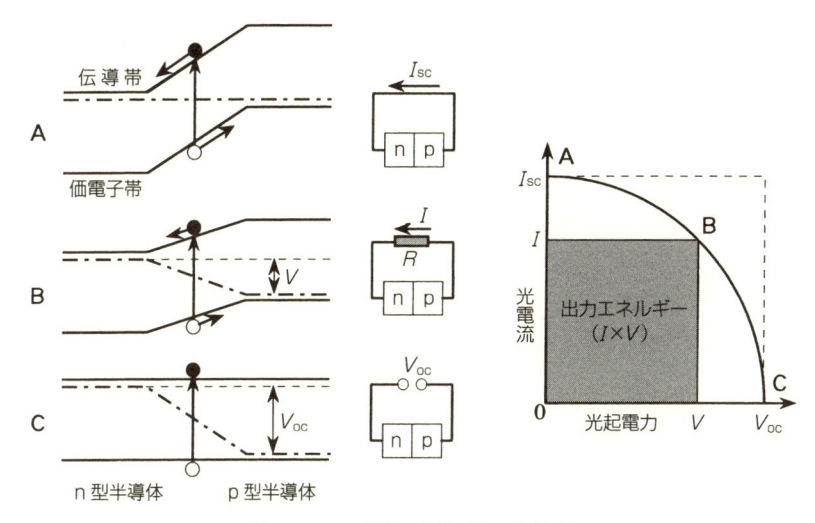

図 11.8　p-n 接合型太陽電池の動作原理

部に電位の勾配ができる．この部分が光を吸収すると，生じた電子と正孔が逆向きに動いて電流 I_{sc}（sc は short circuit＝短絡回路）は流れても，回路の抵抗がゼロだから出力 $IV=I^2R$ はゼロとなる．

回路を開いたときは（図 C），フェルミ準位の差に等しい電圧 V_{oc}（oc は open circuit＝開回路）が発生するけれど，電流ゼロなので出力もゼロに等しい．

すると出力は，回路の抵抗が適当な値 R の場合（図 B）に最大となる．太陽電池の性能は，図 11.8 の右手に描いた曲線 ABC の形が破線の長方形に近いほど高い．そこで，アミをかけた長方形の面積を，破線の長方形の面積で割り，その値を**フィルファクター**（fill factor, 0～1）とよんで性能の指標につかう．

11.5.2　太陽光エネルギー変換効率

太陽電池につかう半導体の禁制帯幅（図 11.4）が ε_g のとき，太陽光エネルギー変換効率 η_s の最大値は，太陽光のスペクトル分布（図 11.9）と以下の 3 原理をもとに，簡単な計算で求められる．

① 光子エネルギー ε_p が ε_g より小さい光は半導体を素通りする．
② $\varepsilon_p=\varepsilon_g$ の光子は吸収されて（そのため ε_g を**吸収端エネルギー**という），価電子帯の電子を伝導帯の底までたたき上げ，ε_g 相当の起電力を生む．

11.5 太陽電池

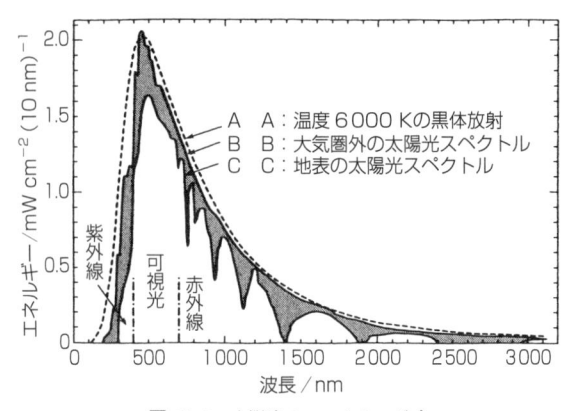

図 11.9 太陽光のスペクトル分布

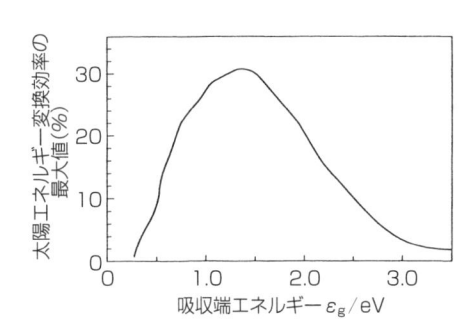

A：温度 6000 K の黒体放射
B：大気圏外の太陽光スペクトル
C：地表の太陽光スペクトル

図 11.10 吸収端エネルギーと太陽光エネルギー変換効率の関係

③ $\varepsilon_p > \varepsilon_g$ の光子をあてても，励起電子は 10^{-13} s 程度で伝導帯の底に落ちるため，光起電力は ε_g 相当分を越えない．

計算の結果を図 11.10 に描いた．変換効率 η_s は，吸収端エネルギー $\varepsilon_g \fallingdotseq 1.35$ eV ($\lambda_g \fallingdotseq 920$ nm) の物質をつかったとき最大（約 31%）になる．

いま太陽電池材料の 99.5% を占めるシリコンは，結晶（$\varepsilon_g \fallingdotseq 1.1$ eV）とアモルファス（$\varepsilon_g \fallingdotseq 1.0$ eV）の η_s 理論値がそれぞれ 30%，26%（短波長域の効率低下を考えれば 27%，15%）となる．現実のデバイスは，結晶で 20% 以上，アモルファスで 10% 以上と，もう理論値の 8 割に届いている．

ふつう太陽電池の発電能力は，快晴で太陽が真上にあるとき（日本ではありえない状況）のワット数で表し，W_p という単位をつかう（p は peak）．このときエネルギー密度は 1 kW m^{-2} だから (p. 168)，$\eta_s = 10\%$ なら 1 W_p は 10 cm 角のパネ

ルにあたる．だが太陽光密度は昼夜，晴雨，季節で変わり，日本の平均値 145 W m^{-2} で実質 1 kW を出すには 5 m×14 m のパネルがいる．

11.6 光合成

食物のすべてと，エネルギー源の大部分（化石資源）を人間に恵む光合成は，大規模な天然の光電気化学プロセスだといえる．そのしくみを眺め，太陽光エネルギー変換効率を考えよう．

太陽電池は切り札か？

石油が枯れたあと，太陽電池はエネルギー供給の切り札になるだろうか？
太陽電池は，鉱石の採掘から精製・加工・組上げまで，製造のあらゆる段階にエネルギー（石油）をつぎこむ．その総量を分母，寿命（10〜20 年）内の発電量を分子にした値（産出/投入比）が 1 を越せば切り札になれる．しかし管見のかぎり，まだ 1 には届いていないようだ（未来永劫 1 を越さないという声もある）．
かりに産出/投入比が 1 以上なら，離島に設置した発電システムは，本土からのエネルギー供給なしに増殖するはずだが，そんな気配は見えない．
価格もそれをほのめかす．ある新聞が 1999 年暮れにオランダの"ソーラー団地"を紹介していて，記事中の数字からはじくと，一家の消費電力をまかなえるパネルは 1800 万円！ 寿命がたとえ 20 年でも，月割りの 7.5 万円は平均的な電気代の数倍（カナダなら 10 倍以上）になる．ものの値段は，製造に投入したエネルギー量をほぼ反映する．すると太陽光発電は，正味で火力発電より石油をたくさんつかう（石油が枯れたら終わる）のではないか．
2000 年現在，日本の太陽光発電量 20 MW（= 140 MW$_p$）が総発電量 100 GW の 0.02% にすぎないのも，大規模展開への道のけわしさを語る．
太陽電池は，電卓や特殊用途（山頂の電源など）に回して"便利さ"を買えば十分だろう．ふつうの電池もまったく同じで，単 3 乾電池 8 本（価格 1000 円ほど）の電気エネルギーは，家庭の電源なら 1 円で手に入るのだから．
産出/投入比が 1 未満なら，正味の CO$_2$ 排出量は石油を燃したときより多いため，"太陽電池は CO$_2$ を出さないので環境にやさしい"ともいえなくなる．

11.6.1 太陽光エネルギーの大きさ

太陽エネルギーの大きさを表 11.1 に示した。太陽が核融合で生むエネルギーのうち 22 億分の 1 が地球に届く。反射を差し引いた年間値 3×10^{24} J は，世界エネルギー消費量の 1 万倍にあたる。その 1000 分の 1 ほどが光合成で有機化合物の化学エネルギーに変わり，ほんの一部が人間の食糧になる。

11.6.2 光合成と物質循環

1 年間に光合成で固定される二酸化炭素 CO_2（3700 億トン）は，大気中総量の 7 分の 1 にもなる。過去数千年，ぴったり同量の CO_2 が生物体の腐敗・呼吸を通じて大気に返され，大気中 CO_2 濃度は 280 ppm の一定値を保ってきた。ところが産業革命の開始（1750 年ごろ）以降，大量の石炭・石油を燃やしてきたせいで大気中の CO_2 がふえ，2000 年現在の値は 400 ppm に近い。ふえた CO_2 は光合成を促進するため，少なくとも 1980 年以後の 20 年間，世界各地で植物体（バイオマス）の量が着実に増加してきている。

11.6.3 光合成の基本反応

植物細胞内の葉緑体(クロロプラスト)には複雑な膜系が発達し，その膜（チラコイド膜）に埋めこまれた機能分子-タンパク質複合体が光合成を駆動する。

最初の明反応では，"アンテナ色素"の吸収した光エネルギーが光化学系 I・II

表 11.1 太陽光エネルギー

太陽が放射するエネルギー	1.2×10^{34} J y^{-1}	
↓（22 億分の 1）		
地球の受ける太陽エネルギー	5.5×10^{24} J y^{-1}	相対値
↓（半分近くが反射）		↓
地表＋海洋面に届くエネルギー	3.0×10^{24} J y^{-1}	(10 300)
↓（1 000 分の 1）		
光合成で固定されるエネルギー	3.0×10^{21} J y^{-1}	(10.3)
↓（200 分の 1）		
食糧になるエネルギー	1.5×10^{19} J y^{-1}	(0.05)
世界のエネルギー消費量	2.9×10^{20} J y^{-1}	(1.00)
（うち化石燃料分）	(2.8×10^{20} J y^{-1})	(0.95)

の反応中心(それぞれ P 700, P 680 と略称. 実体は未解明)に集められ, P 700 と P 680 を増感色素 (p. 175) とした電荷分離 (→酸化還元反応) が起こる.

光化学系 II の末端(チラコイド膜の内側. pH=5)では水が酸化され, 光化学系 I の末端 (膜の外側. pH=8) では $NADP^+$ (ニコチンアミド・アデニン・ジヌクレオチド・リン酸の酸化型) が還元される.

$$2\,NADP^+ + 2\,H^+ + 4\,e^- \longrightarrow 2\,NADPH \quad E = -0.33\,V \; vs.\,SHE \quad (11.7)$$

$$2\,H_2O \longrightarrow O_2 + 4\,H^+ + 4\,e^- \quad\quad E = +0.93\,V \; vs.\,SHE \quad (11.8)$$

明反応全体の電子伝達は図 11.11 のように表し, 図 11.11 はその形から Z スキームとよぶ.

反応(11.7) と (11.8) はチラコイド膜の内外に pH 差をつくり, それを駆動力にした ATP (アデノシン三リン酸) の合成が進む.

$$ADP + H_3PO_4 \longrightarrow ATP + H_2O$$
$$\Delta G° = +31\,kJ = +0.32\,eV\,molecule^{-1} \quad (11.9)$$

ATP の合成は, 移動電子 4 個あたりおよそ 3 回起こる.

明反応の産物 NADPH (還元剤) と ATP (エネルギー通貨) は, 以後の暗反応 (CO_2 の還元) に利用される. 暗反応はグルコース $C_6H_{12}O_6$ の合成で代表させてよ

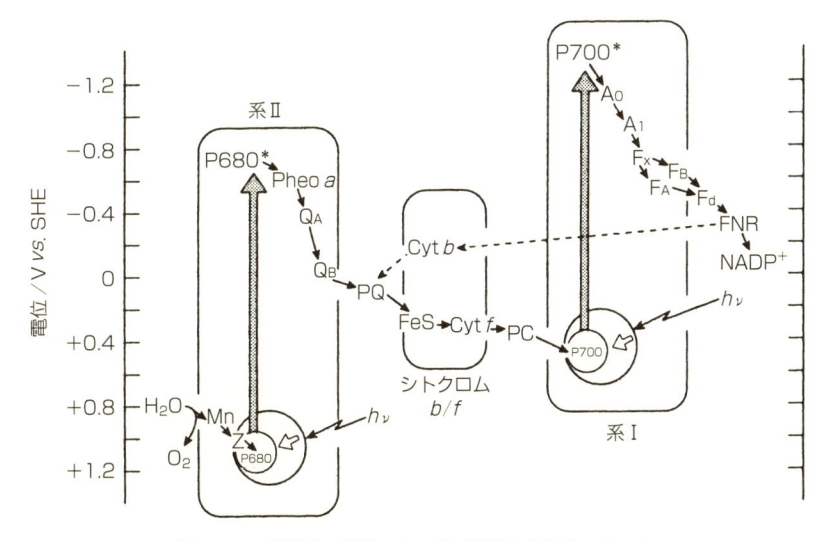

図 11.11 明反応の電子エネルギー関係を表す Z スキーム

い（右辺の酸素 O_2 が水 H_2O に由来することを太字で示した）．

$$6\,CO_2 + 12\,H_2\mathbf{O} \longrightarrow C_6H_{12}O_6 + 6\,H_2O + 6\,\mathbf{O}_2$$
$$\Delta G° = +2\,880\,\text{kJ} = +1.24\,\text{eV electron}^{-1} \qquad (11.10)$$

11.6.4　太陽光エネルギー変換効率

　光合成系は，波長で約 700 nm，光子エネルギーで約 1.8 eV に吸収端をもつ．光化学系 II の末端から光化学系 I の末端へ電子 4 個が動いたとして，エネルギー変換効率がどうなるか調べよう．

　産出エネルギーは，明反応だけなら，式(11.7)＋(11.8)で $1.26×4=5.04$ eV，式(11.9)で $0.32×3=0.96$ eV だから計 6.00 eV．また，暗反応が完了した時点の産出エネルギーは，十数段階の酵素反応（カルビン回路）が少しエネルギーを消費するせいで，式(11.10)より $1.24×4=4.96$ eV にとどまる．

　かたや入力エネルギーは，吸収端の光子 $4×2=8$ 個分，つまり $1.8×8=14.4$ eV を要する．すると $\varepsilon_p ≒ 1.8$ eV の単色光をあてたときの変換効率は，明反応で $6.00÷14.4=0.42$，暗反応を含めた全体で $4.96÷14.4=0.34$ となる．

　これらを，図 11.10 で $\varepsilon_g=1.8$ eV のときの値 24%（$\varepsilon_p=\varepsilon_g$ の単色光をあてたときエネルギー損失がないとした理論値）にかければ，太陽光エネルギー変換効率が得られる．結果は，明反応で $24×0.42=10\%$，暗反応まで考えると $24×0.34=8\%$．つまり光合成の太陽光エネルギー変換効率 η_s は，どのような植物種，どのような生育条件だろうと，8% という理論上の上限をもつ．

　これもまだ真の上限ではない．緑色をしている植物は可視光を完全吸収しないため，η_s 値も 6～7% あたりまで落ちる．さらに，植物はひたすら物質生産に励む機械ではなく，産出エネルギーの半分くらいは自分の代謝にもつかうので，真の上限は 3% レベルだろう．実際，条件のよい時期（たとえば夏の一ヶ月間）のトウモロコシで 2～3% となる（3% を越す値の報告はない）．

　通年では，気温も日照条件も大きく変動するため，日本の緯度だと，よく管理された栽培植物（イネ，トウモロコシ）でほぼ 1% が最高値になる．雑草や原生林は 0.2～0.3% どまりなので，不毛の砂漠や海域を含めた地球表面全体の変換効率も約 0.1%（表 11.1）に落ちてしまう．

演習問題

11.1 可視光の振動数 ν (単位 Hz＝s^{-1}) はどのような範囲に入るか.

$((4.0\sim7.5)\times10^{14}\,\text{Hz}=400\sim750\,\text{THz})$

11.2 波長 488.0 nm, 強度 100 mW の Ar$^+$ (アルゴンイオン) レーザーから 1 秒間にでる光子の数を計算せよ.

$(2.46\times10^{17}\,\text{s}^{-1})$

11.3 波は, 波長の逆数 (波数 wavenumber. 単位 cm^{-1}) をつかっても表せる. 波数 3000 cm^{-1} の赤外線の光子エネルギーは何 eV か.

$(0.372\,\text{eV})$

11.4 モル吸光係数 $\varepsilon=10^4$ M^{-1} cm^{-1}, 濃度 $c=10^{-5}$ M, 光路長 $l=1$ cm のとき, 吸光度 A はいくらか. また, 光の吸収率が $1-10^{-A}$ と表されることを示し, その値を求めよ.

$(0.1,\ 0.21)$

11.5 ある色素分子 D は, 基底状態で $E^{\circ\prime}(\text{D}^+/\text{D})=+0.80$ V $vs.$ SHE, 光吸収のピーク波長 (図 11.2 の $\Delta\varepsilon_1$) が 620 nm だとする. 励起状態で電子を放出する電位 $E^{\circ\prime}(\text{D}^+/\text{D}^*)$ は何 V $vs.$ SHE か.

$(-1.20\,\text{V}\,vs.\,\text{SHE})$

11.6 ある物質系に波長 400 nm, 強度 1 W の単色光を 100 秒間あてたら, 光は完全に吸収されて水が分解され, 25 °C で 1.00 mL の酸素がでた. この光反応の量子収率とエネルギー変換効率を計算せよ.

$(0.49,\ 0.19)$

11.7 $I_\text{sc}=10$ mA, $V_\text{oc}=0.60$ V, 最大出力 4.5 mW の太陽電池でフィルファクターはいくらになるか.

(0.75)

11.8 紫外線だけ完全吸収する物質をつかった場合, 太陽光エネルギー変換効率の最大値はおよそ何%か.

(約 3%)

11.9 式 (11.10) でグルコース 1 mol ができるとき, 動く電子は何 mol か.

$(24\,\text{mol})$

11.10 日本の平均太陽光エネルギー密度 145 W m^{-2} のもと, 効率 1% で光合成が進むとしたとき, 年間 1 m^2 あたりのバイオマス生産量は何 kg になるか. バイオマスを

グルコースとみて計算せよ．

(2.86 kg)

11.11 日本の稲作は約5ヶ月で行い，1 ha (100 m×100 m) あたり乾重量で約6 t のコメを産する．葉＋茎＋根の総重量がコメ (可食部) と同じなら，稲作の太陽光エネルギー変換効率はおよそ何%か．植物体をグルコースとみて計算せよ．

(0.99%)

11.12 面積1 km² の池にびっしり生やした藻をつかうと，日本の国土からでるCO_2 (年間12億 t) の何分の1を固定できるか．藻の太陽光エネルギー変換効率を0.5%とせよ．

(60万分の1)

12 材料と電気化学
——めっき・表面加工

- 電気化学は科学や暮らしにどう関係しているのか？
- 平滑なめっきはどうすればできるのだろう？
- プラスチックのめっきはどうやってするのか？
- 電解をつかう加工法にはどんなものがあるのだろう？

12.1 電気化学と科学・技術

電気化学は，電子・物質・エネルギーのからみあいを探る学問で，さまざまな基礎科学と応用技術に関係している（図 12.1）．

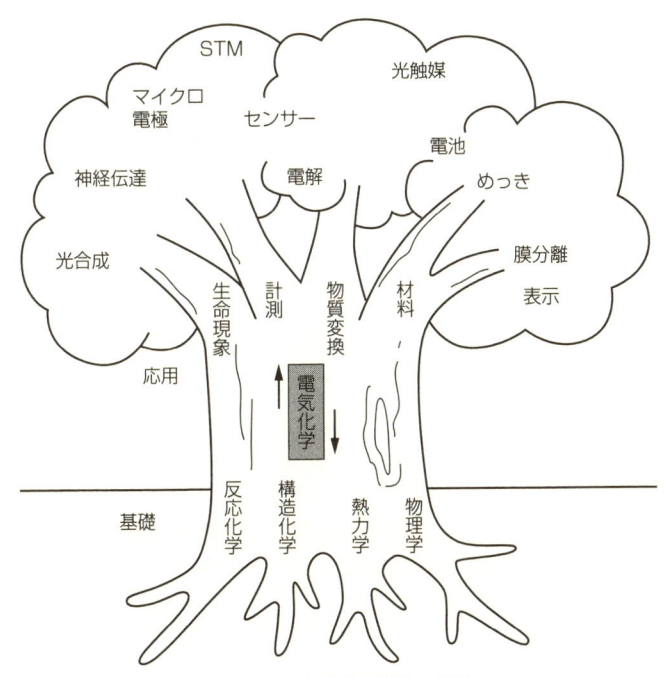

図 12.1 電気化学と科学・技術

基礎科学への寄与として，古くはアルカリ金属の製造（200年前），熱力学第二法則の確立（100年前）などがあった．7章で紹介した電極-電解液界面の原子レベル観測も，そんな可能性を秘めている．

電気化学は暮らしとのかかわりも深く，とりわけ図12.1の右上部分，物質変換（≒エネルギー変換）や材料（ものづくり・加工）は現代社会に欠かせない．10章で眺めた電池と，アルミニウム・塩素・水酸化ナトリウムなど重要な材料・物質をつくる電解工業のほか，膜分離（海水の淡水化，超純水の製造）や表示，光触媒（環境浄化）も**応用電気化学**の領域に入る．

この章では，暮らしに役立つ電気化学技術のうち，めっきと表面加工を紹介しよう．

12.2 電気めっき

めっきの歴史は古い．3500年前のメソポタミア人は鉄器にスズめっきしたというし，バグダッド電池（p.150）もめっきが目的だったらしい．もともと金属材料に美観を与え，腐食を防ぐためだっためっきは，さらに多様な機能（耐摩耗性・潤滑性・離型性・接着性・磁性）をもつ表面層の実現へ，あるいはプラスチック表面の無電解めっきへと広がってきている．

12.2.1 めっきという現象

水溶液中の金属イオンを還元して金属膜にする電気めっきは，図12.2のように進む．金属イオンは，水 H_2O や他の分子・イオンを配位子 L にもつ錯イオンの形

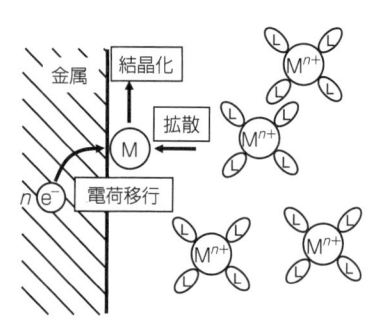

図 12.2 めっきをつくる3ステップ

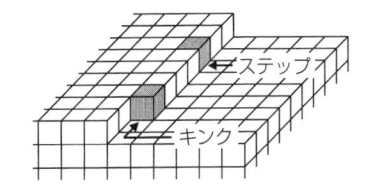

図 12.3 結晶化が進む表面層のイメージ

で存在し，以下の3ステップを経てめっき層になる．

① **拡　散**（金属イオンが溶液の沖合いから表面までくる）
② **電荷移行**（電極から電子を受けとる．活性化ともいう）
③ **結晶化**（金属原子が表面を動いて安定位置に落ちつく）

金属原子を立方体に見たてたとき，結晶化（めっき層の形成）が進む表面は図12.3のイメージになる．金属の表面には，原子レベルの段差（**ステップ**）や，ステップになる直前の部分（**キンク**）が存在する．こうした"欠陥サイト"はエネルギー的に不安定なため，金属原子は表面を拡散しながらキンクやステップにとりこまれ，めっき層が成長していく．

12.2.2　めっきの仕上がりを決める要因

めっきは平滑で均一な金属層となってほしい．そのためには電解の条件をよく考える必要がある．

（ⅰ）**拡散律速**　　電荷移行が速いと，電極表面にやってきた金属イオンはすぐ還元され，電極表面の濃度はほぼゼロとなる．そのときめっきの進行速度は，金属イオンの拡散供給速度が決める．これを拡散律速という（5章参照）．

金属の表面はミクロに見れば必ず凹凸をもち，金属イオンの濃度勾配（∝拡散輸送速度）は凸部で大きい．そのため拡散律速のもとでは，凸部がどんどん成長し，ひげ状結晶（ウィスカー）や樹枝状結晶（デンドライト），海綿状の析出物になりやすく，平滑なめっきはできない．

拡散律速のとき溶液をかくはんすると，金属イオンの供給速度と濃度分布が変わるので，めっきの速度やめっき層の姿が大きく変わる．

（ⅱ）**電荷移行律速**　　上と反対に電荷移行がたいへん遅ければ，めっきの速度は電荷移行速度で決まり，金属イオンの供給速度によらない．こういう条件でめっきすると緻密・平滑なめっき層ができる．

電荷移行速度の指標は交換電流密度 i_0 の大きさだった（4章参照）．水和金属イオンを還元する反応（$M^{n+} + ne^- \longrightarrow M$）の i_0 は金属の種類で10桁以上もちがい，Ag や Pb は $10〜10^{-3}$ A cm^{-2} と大きく，Cu や Zn は $10^{-3}〜10^{-8}$ A cm^{-2}，Ni や Cr は $10^{-8}〜10^{-15}$ A cm^{-2}と小さい．したがって，とりわけ銀めっきでは，電荷移行速度を大幅に落とす必要が生まれる（後述）．

12.2.3 めっき浴の添加剤

めっき浴には，金属塩のほか，pH 調整剤，**光沢剤**，**応力緩和剤**などいろいろな添加剤を混ぜる．

光沢剤はヒドロキシル基－OH やアミノ基－NH$_2$をもつ有機物が多い．たとえば1,4-ブチンジオールは，めっき膜の突出部に吸着して電荷移行を妨げ，析出速度を落とすから平滑化に効く（図12.4）．析出金属の結晶を微粒化してめっき層を平滑にする光沢剤もある．

めっき層にはふつう内部応力が働く．めっき層断面に対してめっき面を引っ張る向きの応力（引っ張り応力）と圧縮する向きの応力（圧縮応力）があり（図12.5），こうした内部応力はめっき膜の割れや剥離（はくり）の原因になる．内部応力を緩和する添加剤としてはサッカリンが名高い．

12.2.4 代表的な金属のめっき

銀・銅・ニッケル・亜鉛のめっきにつかう典型的な浴と電解条件を表12.1にあげておく．

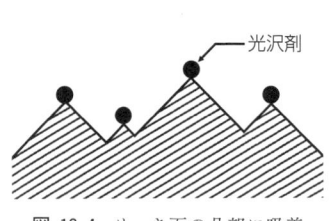

図 12.4 めっき面の凸部に吸着した光沢剤

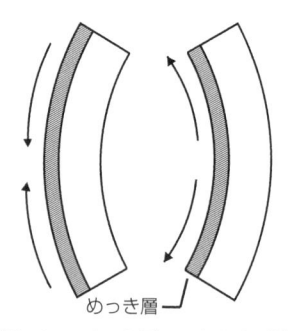

図 12.5 めっき層にはたらく圧縮応力（左）と引っ張り応力（右）

表 12.1 電気めっき条件の例

金属	浴の組成 (g L^{-1})	温度・電流密度
銀	AgCN 30, KCN 60 K$_2$CO$_3$ 15	20〜30 °C, 5〜15 mA cm^{-2}
銅	CuSO$_4$・5 H$_2$O 200 H$_2$SO$_4$ 50, 光沢剤 (適量)	25〜50 °C, 20〜100 mA cm^{-2}
ニッケル	NiSO$_4$・6 H$_2$O 250 NiCl$_2$・6 H$_2$O 45 H$_3$BO$_3$ 30, pH 4.5〜5.5	50〜60 °C, 20〜80 mA cm^{-2}
亜鉛	ZnCl$_2$ 240, NH$_4$Cl 260 pH 4.5〜5.5	20〜30 °C, 20〜100 mA cm^{-2}

(i) **銀めっき** 12.2.2項で述べたとおり,Ag$^+$(水和イオン)+e$^-$ ⟶ Ag の電荷移行はきわめて速いため,硝酸銀水溶液などをつかうと還元が拡散律速になって,平滑なめっきはできない.そこで,高濃度のシアン化物イオン CN$^-$ を加え,浴内の Ag$^+$ をジシアノ錯イオン Ag(CN)$_2^-$ に変える(シアンめっき浴).こうすると還元反応

$$Ag(CN)_2^- + e^- \longrightarrow Ag + 2\,CN^- \tag{12.1}$$

がきわめて遅くなり,緻密・平滑なめっきができる.

シアンめっき浴の KCN のように,水和イオンを錯イオンに変える目的で入れる添加剤を**錯化剤**という.銅や金のめっき浴にも,NaCN や KCN を錯化剤につかったものがある.

(ii) **銅めっき** 銅めっきは,エレクトロニクス部品用のプリント配線基板などをつくるのによくつかう.めっき浴には,硫酸銅浴(表12.1),シアン化銅浴,ピロリン酸銅浴,ホウフッ化銅浴などがある.銅めっきの電流効率は一般に高く,硫酸銅浴でほぼ 100% となる.

(iii) **ニッケルめっき** ニッケルは電荷移行がかなり遅く,平滑なめっきができる金属の代表とみてよい.表12.1 にあげた浴(ワット浴)のほか,スルファミン酸浴や光沢浴(ブチンジオール,ラウリル硫酸ナトリウムなどを添加)もつかう.ニッケルめっきは,硬度が高くて摩耗しにくいため,装飾・防食用めっきの下地によく用いる.

亜鉛めっきはなぜできる？

　Zn^{2+}/Zn 対の標準電極電位 $E°$ は -0.76 V $vs.$ SHE とかなり低い（付録⑦）．亜鉛めっき浴（表 12.1）の pH≒5 だと，ネルンストの式ではじけば水素発生の電位が -0.30 V 付近になって，水素が激しくでそうなところ，亜鉛めっきは電流効率ほぼ100%で起こる．その理由は，鉛蓄電池の中で水が電解されないのと同じく（p.158），過電圧のおかげである．

　たとえば鉄板に亜鉛めっきする場合，電流密度が数十 mA cm^{-2} なら Fe 陰極の水素過電圧は 0.55 V もあるため，電位を -0.85 V より負にしなければ水素はでない．鉄板の表面をいったん亜鉛が覆うと，Zn の水素過電圧は Fe よりも大きい 0.8 V だから，水素の発生はさらに抑えられ，亜鉛めっきがスムースに進む．

　なお，亜鉛めっきのままだと，亜鉛の表面が酸化亜鉛 ZnO に変わって白くなるので，ふつうは三酸化クロム CrO_3 や二クロム酸カリウム $K_2Cr_2O_7$ を含む水溶液に浸して黄色いクロム酸塩の皮膜をつける（クロメート処理）．

12.2.5 複合めっき

　めっき浴中に分散させた μm サイズの微粒子をめっき膜にとりこませる手法を，**複合めっき**または**分散めっき**という（図 12.6）．つかう微粒子の種類により，金属だけでは実現しない性質をもつめっき膜ができる．

　複合めっきはニッケルめっきに適用することが多く，めっき膜の硬度を上げる物質（炭化ケイ素 SiC など）や，潤滑性をもたらす物質（窒化ホウ素 BN，二硫化

図 12.6　複合めっき層のイメージ

モリブデン MoS_2,テフロンなど)の微粒子をつかい,エンジン部品や軸受けに利用する.

12.2.6 電着塗装

水溶性の塗料(ペイント)は,カルボキシル基(—COO$^-$)などをもつ陰イオン性樹脂か,第四級アミノ基(—NR$_3^+$)などをもつ陽イオン性樹脂を含んでいる.陽イオン性樹脂の場合,塗料の水溶液に金属物体を入れて陰極とし,もう一本の電極との間に電圧をかけると,樹脂が金属物体の表面にびっしり付着してくる.これを**電着塗装**という.

付着した塗料の膜は電気抵抗が大きいので,電着が始まったころ付着状態にムラがあっても,電流は未付着のエリアをおもに流れるから,均質で緻密な塗膜ができる.このようにすぐれた性能をもつ電着塗装は,自動車ボディの下塗りなどに活用されている.

樹脂が陰イオン性なら金属物体は陽極にするが,このときは金属表面の酸化溶解や腐食が進みやすい.

12.3 無電解めっき

12.3.1 無電解めっきのしくみ

M^{n+}/M 対の標準電極電位 $E°$ が O(酸化体)/R(還元体) 対の $E°$ よりも十分に正なら,次の酸化還元反応は自発的に進む.

$$M^{n+}+R \longrightarrow M+O \tag{12.2}$$

反応(12.2)が,溶液中では遅いのに,固体 M の上だと速ければ,外部電源をつかわなくてもめっきができる.これを**無電解めっき**という.

そのとき M^{n+} は,還元剤 R の出した電子 e^- を固体 M 経由で受けとる(図12.7).つまり M は一種の触媒となって,溶液中では遅い反応(12.2)を加速する.この能力を金属 M の**自己触媒能**という.

自己触媒能をもつ金属には Ni,Co,Au,Cu,Ag,Pd,Pt,Bi などがあり,こうした金属なら無電解めっきができる.

無電解めっきは,還元剤の酸化(アノード反応)と金属イオンの還元(カソー

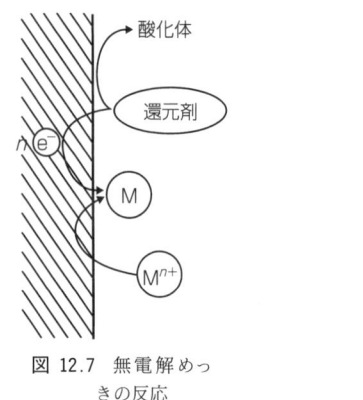

図 12.7 無電解めっきの反応

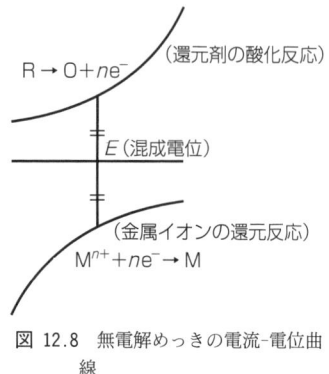

図 12.8 無電解めっきの電流-電位曲線

ド反応）が，同じ電位，同じ電流（＝反応速度）で進む電気化学反応にほかならない．それぞれは電流-電位曲線で図 12.8 のように表され，めっきの進む電位を**混成電位**という．

12.3.2 代表的な金属の無電解めっき

（i）**ニッケルめっき**　無電解めっき開発の端緒（1940 年代，Brenner ら）となったもので，還元剤にはふつう次亜リン酸塩をつかう（もう一つ，ジメチルアミノボランを還元剤にした浴もある）．次亜リン酸塩の場合，めっき反応は次のように書ける．

$$Ni^{2+} + H_2PO_2^- + H_2O \longrightarrow Ni + H_2PO_3^- + 2H^+ \qquad (12.3)$$

無電解めっき浴には Ni^{2+} イオンを安定化させる錯化剤（クエン酸三ナトリウムなど）を加える．めっき反応のとき還元剤の次亜リン酸が少し分解するため，めっき膜はリン P を 5％ほど含み，5％を越すと膜はアモルファス構造になってしまう．硬度が高くて耐食性もよいニッケル無電解めっき膜は，いろいろな機械や化学プラントの部品，電子機器の電磁シールド，回路や接点の材料，ハードディスク基板などにつかわれ，無電解めっきのうちではいちばん多用されている．

（ii）**銅めっき**　銅の無電解めっきは，還元剤にホルムアルデヒドをつかう浴が長らくつかわれてきた．反応は次のように進む．

$$Cu^{2+} + 2HCHO + 4OH^- \longrightarrow Cu + 2HCOO^- + H_2 + 2H_2O \qquad (12.4)$$

しかし昨今，ホルムアルデヒドの刺激臭と発がん性が問題になり，ジメチルア

ミノボラン,水素化ホウ素ナトリウム,ヒドラジンなどを還元剤にしためっき浴も考案されている.

めっき浴には,Cu^{2+}イオンを安定化させ,$Cu(OH)_2$の沈殿を抑制する錯化剤(EDTA,ロッシェル塩など)を加える.また,溶液中にできる Cu 微粒子や Cu^+ イオンを Cu^{2+} に戻す目的で,空気を吹きこむ.

銅の無電解めっきは,プリント配線板のスルーホール(表面と裏面を導通させる穴)の作成などに利用されている.

12.3.3 絶縁物の無電解めっき

無電解めっきは,金属だけでなく,セラミックスやプラスチックのような絶縁物にもできる.プラスチック(ABS 樹脂)の無電解ニッケルめっき手順を図 12.9 に示した.

まず,よく脱脂したプラスチックの表面をエッチングで荒らす.ABS 樹脂の場合なら,硫酸・クロム酸混液で処理すれば,成分の一つブタジエンが選択的に溶けでて表面が荒れる.次に $SnCl_2$ 溶液で処理すると,荒れた表面に Sn^{2+} イオンがくっつく(水洗いしても落ちにくいほどの強さで吸着する).これを**感受性化処理**という.

そのあと,自己触媒能をもつ金属を表面につける(**活性化処理**).たとえば $PdCl_2$ の水溶液に浸すと,次の反応が進んで表面に Pd の微粒子が付着する.

$$Pd^{2+}+Sn^{2+} \longrightarrow Pd+Sn^{4+} \tag{12.5}$$

こうして準備完了となった樹脂板を無電解ニッケルめっき浴に浸せばよい.

```
ABS 樹脂
  ↓
エッチング
  ↓
感受性化処理
  ↓
活性化処理
  ↓
Ni 無電解めっき
```

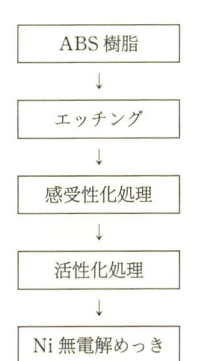

図 12.9 ABS 樹脂に無電解ニッケルめっきする手順

ニッケルや銅の無電解めっきは，ポリアセタール樹脂，ポリアミド樹脂，ポリエチレンテレフタレート（PET）にもでき，製品の軽量化に貢献している．

12.4 めっき利用の"ものづくり"：電鋳

めっきを利用して精巧な金属部品をつくる操作を**電鋳**（electroforming）という．電鋳製品には，金属のこまかい網（メッシュ），マイクロ波の導波管，ロケットのノズル，電気カミソリの外刃などがある．一例として，コンパクトディスク（CD）用スタンパーの作製プロセスを図 12.10 に描いた．

ガラス基板にレジストを塗り，レーザー露光でパターンをつくる．現像後に導電層をのせ，厚み 300 μm ほどニッケルめっきする．この金属パターンに再び電鋳を行なえば CD 作成用スタンパーができる．電鋳は，1 μm 以下とこまかい CD の記録パターンも忠実に再現するところがすぐれている．

電鋳の別の応用として，銅はくの製造を図 12.11 に示した．平滑なドラム（陰極）上に銅めっきしながらドラムを回転させ，銅はくを連続的に巻きとる．ドラムに接していた面はつるつるだが，電解液側にあった面は電流密度を調節してわざと荒らし，プリント基板に貼ったときよく密着するようにしている．

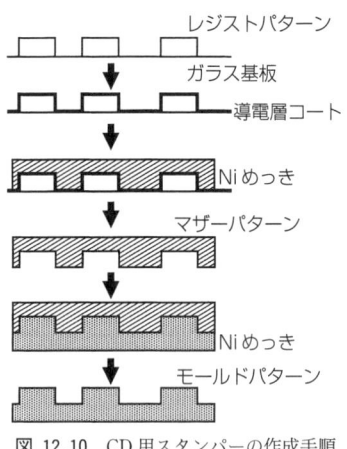

図 12.10　CD 用スタンパーの作成手順

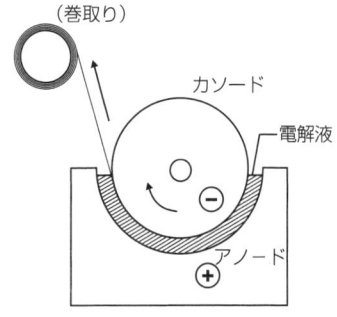

図 12.11　電鋳をつかう銅はくの製造

12.5　陽極酸化とエッチング

　金属を陽極にして電解したとき，表面が溶けたり酸化物の膜になったりする現象（**陽極酸化**）は，金属の加工や表面処理に利用できる．陽極酸化で緻密な酸化物層のできる金属には Al，Ti，Ta，Mg などがあり，これらをバルブ（弁）メタルという．

12.5.1　アルミニウムの陽極酸化

　本来は反応性の高いアルミニウムも，表面にできる薄い酸化皮膜のおかげで安定になる．空気中で自然にできてくる皮膜は厚みがせいぜい 1～3 nm だから，十分な保護にはならない．そのため，実用材料はたいてい次式の陽極酸化で表面に 10 μm 以上の酸化皮膜をつける（**アルマイト処理**）．

$$2\,Al + 3\,H_2O \longrightarrow Al_2O_3 + 6\,H^+ + 6\,e^- \tag{12.6}$$

アルミニウム酸化皮膜の姿は，電解の条件（とりわけ pH）によってくっきり 2 種類に分かれる．

　（ⅰ）**バリアー型皮膜**　　ホウ酸塩の水溶液など，中性に近い電解液をつかったときは，緻密な酸化皮膜ができる．その皮膜を，内部（Al）と外部を遮断するという意味で**バリアー型皮膜**とよぶ．

　皮膜は，酸化物の中を逆向きに動く Al^{3+} イオンと O^{2-} イオンがそれぞれ，溶液，地金アルミニウム界面で反応して成長する．イオンは皮膜内の電界強度に助けられて動くから，一定の厚みになると成長が止まってしまう．電解にはふつう数十〜数百 V の電圧をかけ，皮膜の最終的な厚みは電圧 1 V あたりおよそ 1.5 nm になる．

　アルミニウムのバリアー型皮膜は，電解コンデンサー用の誘電体膜や，液晶ディスプレイ用薄膜トランジスターの絶縁膜などにつかう．

　（ⅱ）**ポーラス皮膜**　　硫酸やシュウ酸塩のような酸性の電解液をつかうと，こまかい穴（細孔）がびっしり空いた酸化皮膜ができる．それを**ポーラス（多孔質）皮膜**といい，成長のようすは図 12.12(a) のイメージになる．

　電解を始めてしばらくはバリアー型と同じ皮膜ができるが，やがて電解液が酸

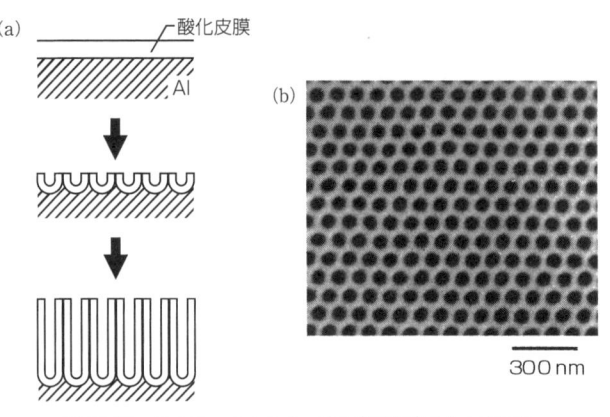

図 12.12 アルミニウムのポーラス皮膜生成 (a) と表面に
できたハニカム構造の例 (b)

化物層を溶かし始める．いったん溶解が始まった部分は，膜が薄くなって膜内の電界が強まり，それが Al^{3+} と O^{2-} の動きを加速するため，Al_2O_3 の膜がどんどん成長していく．溶解と皮膜成長が同時に進むから，まっすぐな穴がたくさん空いた酸化皮膜ができてくる．

バリアー型皮膜の厚みはせいぜい $1\,\mu m$ しかないが，ポーラス皮膜の厚みは数十 μm にも達する．

(iii) **ポーラス皮膜の着色**　細孔をうまくつかうと，さまざまな色合いの酸化物皮膜ができる．その一つ電解着色では，金属塩を含む電解液にポーラス皮膜試料（電極）を浸して交流電解する．そのとき細孔内に金属が還元析出し，特有な色がつく（Pb：ブロンズ，Ag：黄緑，Cu：赤褐色など）．

(iv) **封　孔**　陽極酸化や電解着色したままでは細孔部分が汚れやすいため，細孔をふさぐ処理（封孔処理）をする．高温の水蒸気や煮沸水に触れさせると，次の反応が進んで水和物が成長し，細孔がふさがれる．

$$Al_2O_3 + xH_2O \longrightarrow Al_2O_3 \cdot xH_2O \quad (x=1.5\sim 2) \quad (12.7)$$

以上のようにしてつくったアルミニウムのポーラス皮膜が，建材，車両，家庭用品，装飾パネル，ネームプレートなど，暮らしのさまざまな場面に広くつかわれている．

ポーラス型酸化皮膜の細孔は，図 12.12(b) のようにきれいなハニカム（蜂の

巣) 構造をもつ．直径は 5〜500 nm の範囲で制御でき，よくそろっているので，分離用フィルターなどいろいろな応用が試みられている．

12.5.2 チタン，マグネシウムの陽極酸化

アルミニウムのほか，チタン Ti，マグネシウム Mg，タンタル Ta なども陽極酸化で表面処理する．たとえばチタンの陽極酸化でできる TiO_2 の緻密な膜は，屈折率が高く，光の干渉で多彩な色を帯びるため，建材などの装飾につかう．

実用金属のうちいちばん軽いマグネシウムは，車の座席フレームや OA 機器，航空機などに利用が広がってきた．その高い反応性を抑え，耐食性を上げるためにも陽極酸化が行われる．

12.5.3 アノード溶解

同じ陽極酸化でも，酸化物をつくるのではなく，金属を溶解させる加工法を一般に**アノード溶解**といい，電解研磨や電解エッチングがある．

（ⅰ）**電解研磨**　電解研磨は，ステンレス鋼，アルミニウム，銅などかぎられた金属にしかつかえないが，大きな電流を流すと，凹凸のあった金属表面を短時間（数秒から数分）で平滑にできる．

電解研磨には，粘性の高い特殊な電解液をつかう（たとえばステンレス用は，硫酸 300 mL ＋ リン酸 600 mL ＋ クロム酸 50 g ＋ 水 100 mL）．電解開始の直後は表面全体が溶け，やがて界面には金属イオンに富む（粘性のさらに高い）拡散層ができる．拡散層と溶液バルクとの境界はほぼ平坦なため，とがった部分ほど金属イオンの濃度勾配（溶出速度）が大きい（図 12.13）．こうして突端部が選択的に溶け，表面が平滑になっていく．

（ⅱ）**電解エッチング**　固体の表面積を大きくふやすための電解加工法で，アルミニウムやタンタルをおもな対象としている．たとえば結晶方位を (100) 面

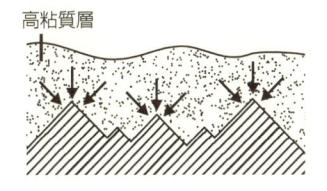

図 12.13　電解研磨で溶出しやすい突端部

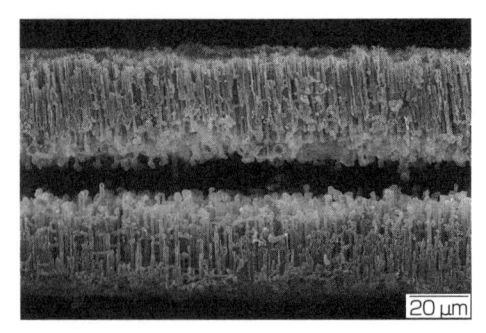

図 12.14 電解エッチングしたアルミニウムはくの断面

にそろえたアルミニウムはくを陽極とし，塩酸や食塩水のような Cl^- イオンを含む電解液中で酸化する．Cl^- が (100) 面を選択的に溶かすため，はくの表面に垂直なトンネル状のピット (微細孔) が無数にできて (図 12.14)，アルミニウムはくの表面積は数十倍にもなる．

こうしてつくった多孔質アルミニウムはくは，表面積の大きさが命となる用途，いわゆる電解コンデンサーの製造につかう．

演習問題

12.1　めっき浴をかくはんしたら，拡散律速と電荷移行律速の条件下で，それぞれめっき速度はどう変わるか．

12.2　亜鉛のシアンめっき浴中には $Zn(CN)_4^{2-}$ イオンが存在する．亜鉛の析出反応式はどのように書けるか．

12.3　ニッケルやクロムのめっきが行いやすい理由は何か．

12.4　白金に亜鉛めっきはできるだろうか．

12.5　反応(12.3) を酸化反応と還元反応に分解してみよ．

12.6　付録④のデータを用い，反応(12.4) のギブズエネルギー変化 $\Delta_r G°$ を計算せよ．

$(-362.0\,\mathrm{kJ})$

12.7　付録⑦のデータを用い，反応(12.5)のギブズエネルギー変化 $\Delta_r G°$ を計算せよ．

$(-147.6\,\mathrm{kJ})$

12.8　中性の電解液中でアルミニウムを陽極酸化したとき，電圧が 600 V なら酸化皮

膜の厚みはどれほどになるか．

(900 nm)

12.9 アルミニウムのポーラス酸化皮膜は，アルカリ性の電解液をつかってもできる．なぜか．

付録① 国際単位系

七つの基本単位

物理量	名称	記号
長　さ	メートル	m
質　量	キログラム	kg
時　間	秒	s
電　流	アンペア	A
温　度	ケルビン	K
物質量	モ　ル	mol
光　度	カンデラ	cd

特別な名称をもつ組立単位の例

物理量	名称	記号	表現
力	ニュートン	N	kg m s^{-2}
圧　力	パスカル	Pa	$\text{N m}^{-2} = \text{J m}^{-3}$
エネルギー	ジュール	J	N m
仕事率	ワット	W	J s^{-1}
電　荷	クーロン	C	A s
電位（差）	ボルト	V	J C^{-1}
電気抵抗	オーム	Ω	V A^{-1}
静電容量	ファラド	F	C V^{-1}

接頭語

倍数	名称	記号	倍数	名称	記号
10^{15}	ペ　タ	P	10^{-1}	デ　シ	d
10^{12}	テ　ラ	T	10^{-2}	センチ	c
10^{9}	ギ　ガ	G	10^{-3}	ミ　リ	m
10^{6}	メ　ガ	M	10^{-6}	マイクロ	μ
10^{3}	キ　ロ	k	10^{-9}	ナ　ノ	n
10^{2}	ヘクト	h	10^{-12}	ピ　コ	p
10	デ　カ	da	10^{-15}	フェムト	f

（単位の換算）

長　さ	$1\text{Å} = 0.1\text{ nm} = 10^{-8}\text{ cm} = 10^{-10}\text{ m}$
体　積	$1\text{ L} = 1\text{ dm}^3 = 10^3\text{ cm}^3 = 10^{-3}\text{ m}^3$
圧　力	$1\text{ atm} = 1.01325 \times 10^5\text{ Pa} = 1013.25\text{ hPa} \fallingdotseq 0.1\text{ MPa}$
質　量	$1\text{ t} = 10^3\text{ kg} = 10^6\text{ g} = 1\text{ Mg}$
温　度	$T/\text{K} = t/°\text{C} + 273.15$
エネルギー	$1\text{ cal} = 4.184\text{ J},\ 1\text{ eV} = 1.6022 \times 10^{-19}\text{ J} = 96\,485\text{ J mol}^{-1}$

付録②　物理定数・原子量

物理定数

物理量	記号	数値
真空中の光速度	c	2.9979×10^{8} m s^{-1}
真空の誘電率	ε_0	8.8542×10^{-12} F m^{-1}
プランク定数	h	6.6261×10^{-34} J s
電荷素量	q	1.6022×10^{-19} C
アボガドロ定数	N_A	6.0221×10^{23} mol^{-1}
ファラデー定数	F	9.6485×10^{4} C mol^{-1}
気体定数	R	8.3144 J mol^{-1} K^{-1}
（数学定数）		
円周率	π	3.14159
自然対数の底	e	2.71828
10 の自然対数	ln 10	2.30259

原子量（抜粋）

H	1.008	Cl	35.453	Rb	85.468
He	4.003	Ar	39.948	Pd	106.421
Li	6.941	K	39.098	Ag	107.868
C	12.011	Ca	40.078	Cd	112.411
N	14.007	Ti	47.883	Sn	118.711
O	15.999	Mn	54.938	I	126.904
F	18.998	Fe	55.847	Cs	132.905
Na	22.990	Co	58.933	Ba	137.328
Mg	24.305	Ni	58.693	Ce	140.115
Al	26.982	Cu	63.546	Pt	195.083
Si	28.086	Zn	65.392	Au	196.967
P	30.974	Ge	72.612	Hg	200.592
S	32.067	Br	79.904	Pb	207.21

付録③　硫酸の電離度

硫酸 H_2SO_4 は2段で電離し，1段目はほぼ完全に進むが，2段目の酸解離平衡定数 K_a はそうとう小さい．

$$H_2SO_4 \longrightarrow H^+ + HSO_4^- \qquad ①$$
$$HSO_4^- \rightleftarrows H^+ + SO_4^{2-} \qquad K_a = 1.2 \times 10^{-2} \text{ M} \qquad ②$$

硫酸の濃度が c M のとき，次の3条件が成り立つ．

(1) 物質収支（**物質はなくならない**）
$$c = [HSO_4^-] + [SO_4^{2-}] \qquad ③$$

(2) 電気的中性条件（**溶液は正味の電荷をもたない**）
$$[H^+] = [HSO_4^-] + 2[SO_4^{2-}] + [OH^-] \qquad ④$$

(3) 平衡②をつかさどる"質量作用の法則"
$$K_a = [H^+][SO_4^{2-}]/[HSO_4^-] \qquad ⑤$$

式④の $[OH^-]$ は無視してよいから，未知数が三つ（$[H^+]$, $[HSO_4^-]$, $[SO_4^{2-}]$），式が三つとなってすぐに解ける．結果は次のとおり．

$$[H^+] = \{c - K_a + (c^2 + 6 c K_a + K_a^2)^{1/2}\}/2 \qquad ⑥$$
$$[HSO_4^-] = 2c - [H^+], \qquad [SO_4^{2-}] = [H^+] - c \qquad ⑦$$

電離度 $\alpha\ (= [H^+]/2c)$ と濃度 c の関係は図のようになり，ほぼ完全解離とみてよいのは $c < 0.3$ mM の低濃度域にかぎられる．

$c = 0.1$ M としてはじけば，$[H^+] = 0.11$ M，$[HSO_4^-] = 0.09$ M，$[SO_4^{2-}] = 0.01$ M，$\alpha = 0.55$ になる（p.7）．

また，充電した鉛蓄電池が $c = 4$ M なら（p.156），$[H^+] = 4.012$ M，$[HSO_4^-] = 3.988$ M，$[SO_4^{2-}] = 0.012$ M，$\alpha = 0.502$ となり，陰イオンは99.7%が HSO_4^- の形で存在する．

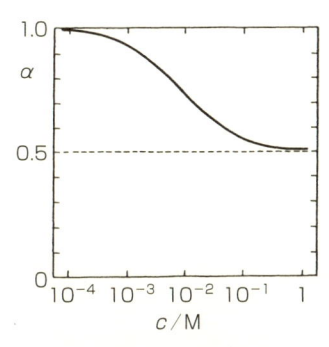

図　硫酸のモル濃度 c と電離度 α の関係

付録④　標準生成ギブズエネルギー $\Delta_f G°$

無機化合物　kJ mol^{-1}

化合物	$\Delta_f G°$	化合物	$\Delta_f G°$	化合物	$\Delta_f G°$
AgBr	−96.90	H$_2$S(aq)	−27.83	SO$_2$	−300.19
AgCl	−109.79	H$_2$SO$_4$(l)	−690.00	SOCl$_2$(g)	−198.3
AgI	−66.19	H$_2$SO$_4$(aq)	−744.53	SiC	−60.2
Ag$_2$O	−11.20	H$_3$PO$_4$	−1119.1	SiH$_4$(g)	+56.9
Ag$_2$S	−40.67	HgCl$_2$	−178.6	SnCl$_4$(l)	−440.1
Al$_2$O$_3$	−1582.3	Hg$_2$Cl$_2$	−210.75	SnO$_2$	−519.6
C(ダイヤモンド)	+2.90	HgO(赤色)	−58.54	TiO$_2$(ルチル)	−889.5
CO	−137.17	HgS	−50.6	V$_2$O$_5$	−1419.5
CO$_2$(g)	−394.36	KBr	−380.66	WO$_3$	−764.03
CO$_2$(aq)	−385.98	KCl	−409.14	ZnCl$_2$	−369.40
CaCO$_3$	−1127.75	K$_3$[Fe(CN)$_6$]	−129.6	ZnO	−318.30
CaCl$_2$	−748.1	K$_4$[Fe(CN)$_6$]	−453.0	Zn(OH)$_2$	−555.07
Ca(OH)$_2$	−898.49	KI	−324.89	ZnSO$_4$	−871.5
CdS	−156.5	KMnO$_4$	−737.6	ZrO$_2$	−1042.79
CuBr	−100.8	LiCl	−384.37		
CuCl	−119.86	Li$_2$O	−561.18	**有機化合物**	
CuCl$_2$	−175.7	MgCO$_3$	−1012.1	CH$_4$	−50.72
CuI	−69.5	MgCl$_2$	−591.79	CH$_3$OH(l)	−166.27
CuO	−129.7	MgO	−569.43	CH$_3$OH(aq)	−174.38
Cu$_2$O	−146.0	MnO$_2$	−465.14	HCHO(g)	−102.53
CuS	−53.6	NH$_3$	−16.45	HCHO(aq)	−125.39
CuSO$_4$	−661.8	N$_2$H$_4$(l)	+149.34	HCOOH(l)	−361.35
FeCl$_2$	−302.30	N$_2$H$_4$(g)	+159.35	HCOOH(aq)	−355.96
FeCl$_3$	−334.00	NH$_4$Cl	−202.87	C$_2$H$_6$	−32.82
Fe$_2$O$_3$	−742.2	NH$_4$NO$_3$	−184.02	C$_2$H$_5$OH(l)	−174.78
Fe(OH)$_2$	−486.5	NO	+86.55	CH$_3$CHO(l)	−128.12
Fe(OH)$_3$	−696.5	NO$_2$	+51.31	CH$_3$COOH(l)	−389.9
FeS$_2$	−166.9	N$_2$O	+104.20	CH$_3$COOH(aq)	−396.46
FeSO$_4$	−820.8	N$_2$O$_4$(g)	+97.89	C$_2$H$_2$	+209.20
H$_2$CO$_3$(aq)	−623.08	NaCl	−384.15	C$_2$H$_4$	+68.15
HCl	−95.30	NaN$_3$	+93.81	C$_6$H$_6$(l)	+124.3
HF(g)	−273.2	Na$_2$O	−375.46	C$_6$H$_5$OH(s)	−50.9
HNO$_3$(l)	−80.71	NaOH	−379.49	C$_6$H$_{12}$O$_6$(β-D-グルコース)	
HNO$_3$(aq)	−111.25	Na$_2$S$_2$O$_3$	−1028.0		−910
H$_2$O(l)	−237.13	O$_3$	+163.2	C$_{12}$H$_{22}$O$_{11}$(スクロース)	
H$_2$O(g)	−228.57	PbCl$_2$	−314.10		−1543
H$_2$O$_2$(l)	−120.35	PbI$_2$	−173.64	**水中の陽イオン**	
H$_2$S(g)	−33.56	PbO$_2$	−217.33	H$^+$	0
		PbS	−98.7	Ag$^+$	+77.11
		PbSO$_4$	−813.14		

$[Ag(NH_3)_2]^+$	-17.12	Pb^{2+}	-24.43	$[Fe(CN)_6]^{4-}$	$+695.08$
Al^{3+}	-485	Rb^+	-283.98	$HCOO^-$	-351.0
Ba^{2+}	-560.77	Sn^{2+}	-27.2	HCO_3^-	-586.77
Ca^{2+}	-553.58	Sn^{4+}	$+2.5$	$HC_2O_4^-$	-698.34
Cd^{2+}	-77.61	Zn^{2+}	-147.06	HO_2^-	-67.3
Ce^{3+}	-672.0	$[Zn(NH_3)_4]^{2+}$	-301.9	HPO_4^{2-}	$-1\,089.15$
Ce^{4+}	-503.8	**水中の陰イオン**		HS^-	$+12.08$
Co^{2+}	-54.4			HSO_4^-	-755.91
Co^{3+}	$+134$	$Ag(CN)_2^-$	$+305.5$	$H_2PO_4^-$	$-1\,130.28$
Cu^+	$+49.98$	$AgCl_2^-$	-215.4	I^-	-51.57
Cu^{2+}	$+65.49$	$Al(OH)_4^-$	$-1\,305.3$	I_3^-	-51.4
$[Cu(NH_3)_4]^{2+}$	-111.07	$Au(CN)_2^-$	$+285.8$	IO_3^-	$+128.0$
Eu^{2+}	-540.2	$AuCl_4^-$	-235.14	MnO_4^-	-447.2
Eu^{3+}	-574.1	Br^-	-103.96	N_3^-	$+348.2$
Fe^{2+}	-78.90	CH_3COO^-	-369.31	NO_2^-	-32.2
Fe^{3+}	-4.7	CN^-	$+172.4$	NO_3^-	-108.74
Hg^{2+}	$+164.40$	CO_3^{2-}	-527.81	OH^-	-157.24
Hg_2^{2+}	$+153.52$	$C_2O_4^{2-}$	-673.9	PO_4^{3-}	$-1\,018.7$
K^+	-283.27	Cl^-	-131.23	$PtCl_4^{2-}$	-361.4
La^{3+}	-683.7	Cl_3^-	-120.4	S^{2-}	$+85.8$
Li^+	-293.31	ClO^-	-36.8	$S_2O_3^{2-}$	-522.5
Mg^{2+}	-454.8	ClO_4^-	-8.52	$S_2O_8^{2-}$	$-1\,114.9$
Mn^{2+}	-228.1	$Cr_2O_7^{2-}$	$-1\,301.1$	SCN^-	$+92.71$
NH_4^+	-79.31	CrO_4^{2-}	-727.75	SO_3^{2-}	-486.5
Na^+	-261.91	F^-	-278.79	SO_4^{2-}	-744.53
Ni^{2+}	-45.6	$[Fe(CN)_6]^{3-}$	$+729.4$		

付録⑤　$\mu = \mu° + RT \ln a$ の導出

a．単一成分の理想気体

　温度 T，圧力 p，体積 V の理想気体 1 mol のギブズエネルギー G（1 mol なので化学ポテンシャル μ に等しい）は，U を内部エネルギーとして次のように書ける．

$$\mu = U + pV - TS \qquad ①$$

　これをまず，温度 T と圧力 p だけで表す．定積熱容量 C_v と定圧熱容量 C_p をつかえば，右辺の U，pV，S は次の形をとる（熱力学の教科書を参照）．

$$U = C_v T + \text{定数}$$
$$pV = RT \quad (\text{状態方程式})$$
$$S = C_p \ln T - R \ln p + \text{定数}$$

すると μ は, 温度だけの関数を $f(T)$ として次のように書いてよい.
$$\mu = f(T) + RT \ln p \equiv \mu^\circ(T, p) \qquad ②$$

b. 混合理想気体

温度 T と圧力 p を共通にして, n_1, n_2, ……mol の理想気体 1, 2, ……をそれぞれ孤立容器に入れたとしよう. 気体それぞれの体積 V_1, V_2, ……は, 状態方程式により次の値をもつ.

$$V_1 = n_1 RT/p, \quad V_2 = n_2 RT/p, \quad \cdots\cdots$$

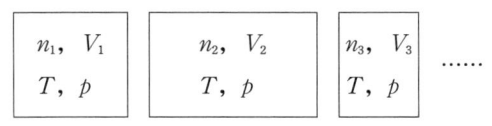

```
┌─────────┐ ┌─────────┐ ┌─────────┐
│ n₁, V₁  │ │ n₂, V₂  │ │ n₃, V₃  │  ……
│ T,  p   │ │ T,  p   │ │ T,  p   │
└─────────┘ └─────────┘ └─────────┘
```

次に, 各容器を合体させて壁をとり払えば, 混合気体ができる.

```
┌─────────────────────────────────┐
│ V = V₁ + V₂ + V₃ + ……,  T,  p  │
│ n₁, n₂, n₃, ……                  │
└─────────────────────────────────┘
```

式 ① を参照しつつ, 混合気体の G がどうなるか考えよう. まず内部エネルギー U は, 温度一定だから各成分の和に書ける. また pV 項も足し算でよい.

$$G = \sum_j [U_j(T) + pV_j] - TS \qquad ③$$

エントロピー S は, 混合前の各成分の値 $S_j(T, p)$ が足し算になるほか, 混合により存在空間が広がるための増加分 ΔS_j がある. この増加分は次のように表される (熱力学の教科書を参照).

$$\Delta S_j = n_j R \ln(V/V_j) = -n_j R \ln(V_j/V) = -n_j R \ln X_j \qquad ④$$

ここで成分 j のモル分率 $X_j = n_j/(n_1 + n_2 + \cdots\cdots) = V_j/V$ をつかった. こうして混合後のエントロピー S は

$$S = \sum_j [S_j(T, p) - n_j R \ln X_j] \qquad ⑤$$

となり, これを式 ③ に代入すれば次式になる.

$$G = \sum_j [U_j(T) + pV_j - TS_j(T,p)] + RT \sum_j n_j \ln X_j \qquad ⑥$$

[ ]内は，混合前の各成分のギブズエネルギーだから $G_j(T,p,n_j)$ と書いてよく，式②の記号をつかえば $n_j \mu_j°(T,p)$ に等しい．以上をまとめ，混合気体の G は次のように書ける．

$$G = \sum_j n_j [\mu_j°(T,p) + RT \ln X_j] \qquad ⑦$$

成分 i のもつ化学ポテンシャル μ_i は，混合気体の状態を表す変数（T, p, n_1, n_2, ……）のうち，i の物質量 n_i 以外を定数とみて，G を n_i で偏微分すれば得られる．結果は

$$\mu_i \equiv (\partial G/\partial n_i) = \mu_i°(T,p) + RT \ln X_i \qquad ⑧$$

となる．

これを式②と組み合わせると，

$$\mu_i = f(T) + RT \ln p + RT \ln X_i = f(T) + RT \ln(pX_i) \qquad ⑨$$

になり，$pX_i = p \times n_i/(n_1+n_2+\cdots\cdots)$ は成分 i の分圧 p_i に等しい．さらに，温度 T だけの関数 $f(T)$ をあらためて $\mu_i°(T)$ とおけば，最終的に

$$\mu_i = \mu_i°(T) + RT \ln p_i \qquad ⑩$$

が得られた．これが混合気体についての式 (2.10) にほかならない．右辺の対数項は，エントロピー（粒子が乱雑になろうとする傾向）に由来する．

溶液中の溶質は，姿は気体分子と異なっていても，たとえば理想気体の状態方程式と同じ式が浸透圧について成り立つように（ファントホッフの式），濃度が低いときは，"液体のつくる空間を飛びまわる粒子" と見なしてよい．したがって式⑩は溶質にもあてはまるが，溶質に "分圧" は考えにくいから，活量 a の代用にモル濃度をつかう．

付録⑥ $\Delta_r G° = -RT \ln K$ の導出

左辺を原系，右辺を生成系とみた次の化学平衡を考えよう．

$$p\mathrm{P} + q\mathrm{Q} + \cdots\cdots \rightleftarrows x\mathrm{X} + y\mathrm{Y} + \cdots\cdots \qquad ①$$

つりあい（平衡）の条件は，ギブズエネルギーを G として次のようになり，
$$G（原系） = G（生成系） \tag{②}$$
それぞれは化学ポテンシャル μ をつかって次式に書ける．

$$
\begin{aligned}
G（原系） &= p\mu_P + q\mu_Q + \cdots\cdots \\
&= p\mu_P° + pRT\ln a_P + q\mu_Q° + qRT\ln a_Q + \cdots\cdots
\end{aligned} \tag{③}
$$

$$
\begin{aligned}
G（生成系） &= x\mu_X + y\mu_Y + \cdots\cdots \\
&= x\mu_X° + xRT\ln a_X + y\mu_Y° + yRT\ln a_Y + \cdots\cdots
\end{aligned} \tag{④}
$$

以上より，次式が得られる．

$$
\begin{aligned}
& x\mu_X° + y\mu_Y° + \cdots\cdots - p\mu_P° - q\mu_Q° - \cdots\cdots \\
&= -(xRT\ln a_X + yRT\ln a_Y + \cdots\cdots - pRT\ln a_P - qRT\ln a_Q - \cdots\cdots) \\
&= -RT(x\ln a_X + y\ln a_Y + \cdots\cdots - p\ln a_P - q\ln a_Q - \cdots\cdots)
\end{aligned} \tag{⑤}
$$

左辺は，反応①が単位物質量だけ右に進んだときのギブズエネルギー変化 $\Delta_r G°$ に等しい．また右辺は，$a\ln b = \ln b^a$，$\ln a + \ln b = \ln(ab)$ などの関係をつかって変形できる．その結果は次式となる．

$$\Delta_r G° = -RT\ \ln \frac{a_X{}^x \cdot a_Y{}^y \cdot \cdots\cdots}{a_P{}^p \cdot a_Q{}^q \cdot \cdots\cdots} \tag{⑥}$$

化学平衡①の平衡定数を K とすれば，"質量作用の法則"により

$$K = \frac{a_X{}^x \cdot a_Y{}^y \cdot \cdots\cdots}{a_P{}^p \cdot a_Q{}^q \cdot \cdots\cdots} \tag{⑦}$$

と表せるから，式⑥は次のようにまとまる．

$$\Delta_r G° = -RT\ \ln K \tag{⑧}$$

付録⑦　標準電極電位 $E°$ (V $vs.$ SHE)

M^{n+}/M 系		
$Li^+ + e^- = Li$	-3.04
$K^+ + e^- = K$	-2.925
$Rb^+ + e^- = Rb$	-2.924
$Ba^{2+} + 2e^- = Ba$	-2.92
$Sr^{2+} + 2e^- = Sr$	-2.89
$Ca^{2+} + 2e^- = Ca$	-2.84
$Na^+ + e^- = Na$	-2.714
$Mg^{2+} + 2e^- = Mg$	-2.356
$Al^{3+} + 3e^- = Al$	-1.676
$U^{3+} + 3e^- = U$	-1.66
$Ti^{2+} + 2e^- = Ti$	-1.63
$Zr^{4+} + 4e^- = Zr$	-1.55
$Mn^{2+} + 2e^- = Mn$	-1.18
$Zn^{2+} + 2e^- = Zn$	-0.763
$Cr^{3+} + 3e^- = Cr$	-0.74
$Fe^{2+} + 2e^- = Fe$	-0.44
$Cd^{2+} + 2e^- = Cd$	-0.403
$Co^{2+} + 2e^- = Co$	-0.277

反応	$E°$ (V)
$Ni^{2+}+2\,e^- = Ni$	-0.257
$Sn^{2+}+2\,e^- = Sn$	-0.138
$Pb^{2+}+2\,e^- = Pb$	-0.126
$2\,H^++2\,e^- = H_2$	0.0000
$Cu^{2+}+2\,e^- = Cu$	$+0.337$
$Cu^++e^- = Cu$	$+0.520$
$Hg_2^{2+}+2\,e^- = 2\,Hg$	$+0.796$
$Ag^++e^- = Ag$	$+0.799$
$Hg^{2+}+2\,e^- = Hg$	$+0.85$
$Pt^{2+}+2\,e^- = Pt$	$+1.188$
$Au^{3+}+3\,e^- = Au$	$+1.52$
$Au^++e^- = Au$	$+1.83$

M^{n+}/M^{m+} (単イオン) 系

反応	$E°$ (V)
$Cr^{3+}+e^- = Cr^{2+}$	-0.424
$V^{3+}+e^- = V^{2+}$	-0.255
$Sn^{4+}+2\,e^- = Sn^{2+}$	$+0.15$
$Cu^{2+}+e^- = Cu^+$	$+0.159$
$Fe^{3+}+e^- = Fe^{2+}$	$+0.771$
$2\,Hg^{2+}+2\,e^- = Hg_2^{2+}$	$+0.911$
$Mn^{3+}+e^- = Mn^{2+}$	$+1.51$
$Ce^{4+}+e^- = Ce^{3+}$	$+1.71$
$Ag^{2+}+e^- = Ag^+$	$+1.980$

M^{n+}/M^{m+} (錯イオン) 系

反応	$E°$ (V)
$Ag(CN)_2^-+e^- = Ag+2\,CN^-$	-0.31
$Ag(S_2O_3)_2^{3-}+e^- = Ag+2\,S_2O_3^{2-}$	-0.017
$Fe(CN)_6^{3-}+e^- = Fe(CN)_6^{4-}$	$+0.361$
$Ag(NH_3)_2^++e^- = Ag+2\,NH_3$	$+0.373$

X_2/X^- 系

反応	$E°$ (V)
$S+2\,e^- = S^{2-}$	-0.447
$Br_2(aq)+2\,e^- = 2\,Br^-$	$+1.087$
$Cl_2(g)+2\,e^- = 2\,Cl^-$	$+1.358$
$Cl_2(aq)+2\,e^- = 2\,Cl^-$	$+1.396$
$F_2+2\,e^- = 2\,F^-$	$+2.87$

MX/M 系

反応	$E°$ (V)
$CdS+2\,e^- = Cd+S^{2-}$	-1.225
$FeS+2\,e^- = Fe+S^{2-}$	-0.969
$PbS+2\,e^- = Pb+S^{2-}$	-0.954
$Cu_2S+2\,e^- = 2\,Cu+S^{2-}$	-0.898
$Fe(OH)_2+2\,e^- = Fe+2\,OH^-$	-0.891
$Ag_2S+2\,e^- = 2\,Ag+S^{2-}$	-0.691
$Fe(OH)_3+e^- = Fe(OH)_2+OH^-$	-0.556
$PbI_2+2\,e^- = Pb+2\,I^-$	-0.365
$PbSO_4+2\,e^- = Pb+SO_4^{2-}$	-0.351
$PbCl_2+2\,e^- = Pb+2\,Cl^-$	-0.268
$CuI+e^- = Cu+I^-$	-0.182
$AgI+e^- = Ag+I^-$	-0.152
$AgCN+e^- = Ag+CN^-$	-0.017
$CuBr+e^- = Cu+Br^-$	$+0.033$
$AgBr+e^- = Ag+Br^-$	$+0.071$
$AgSCN+e^- = Ag+SCN^-$	$+0.090$
$CuCl+e^- = Cu+Cl^-$	$+0.121$
$AgCl+e^- = Ag+Cl^-$	$+0.222$
$Hg_2Cl_2+2\,e^- = 2\,Hg+2\,Cl^-$	$+0.268$
$Ag_2CrO_4+2\,e^- = 2\,Ag+CrO_4^{2-}$	$+0.449$
$Cu_2O+2\,H^++2\,e^- = 2\,Cu+H_2O$	$+0.472$
$CuO+2\,H^++2\,e^- = Cu+H_2O$	$+0.557$
$PtO+2\,H^++2\,e^- = Pt+H_2O$	$+0.980$

無機物その他

反応	$E°$ (V)
$O_2+e^- = O_2^-\,(aq)$	-0.284
$N_2+6\,H^++6\,e^- = 2\,NH_3(aq)$	-0.092
$S+2\,H^++2\,e^- = H_2S(g)$	$+0.174$
$O_2+2\,H^++2\,e^- = H_2O_2$	$+0.695$
$NO_3^-+2\,H^++2\,e^- = NO_2^-+H_2O$	$+0.835$
$NO_3^-+4\,H^++3\,e^- = NO+2\,H_2O$	$+0.957$
$ClO_4^-+2\,H^++2\,e^- = ClO_3^-+H_2O$	$+1.201$
$O_2+4\,H^++4\,e^- = 2\,H_2O$	$+1.229$
$MnO_2+4\,H^++2\,e^- = Mn^{2+}+2\,H_2O$	$+1.23$
$Cr_2O_7^{2-}+14\,H^++6\,e^- = 2\,Cr^{3+}+7\,H_2O$	$+1.36$
$MnO_4^-+8\,H^++5\,e^- = Mn^{2+}+4\,H_2O$	$+1.51$
$2\,HClO(aq)+2\,H^++2\,e^- = Cl_2(g)+2\,H_2O$	$+1.630$
$PbO_2+SO_4^{2-}+4\,H^++2\,e^- = PbSO_4+2\,H_2O$	$+1.698$
$H_2O_2+2\,H^++2\,e^- = 2\,H_2O$	$+1.763$
$S_2O_8^{2-}+2\,e^- = 2\,SO_4^{2-}$	$+1.96$
$O_3+2\,H^++2\,e^- = O_2+H_2O$	$+2.075$
$F_2+2\,H^++2\,e^- = 2\,HF$	$+3.053$

有機物

反応	$E°$ (V)
$2\,CO_2+2\,H^++2\,e^- = H_2C_2O_4(aq)$	-0.475
$CO_2+2\,H^++2\,e^- = HCOOH(aq)$	-0.199

HCOOH(aq) +2 H$^+$+2 e$^-$ = HCHO(aq)
　+H$_2$O　　　　　　　　　　　　　+0.034
H$_2$CO$_3$(aq) +6 H$^+$+6 e$^-$ = CH$_3$OH(aq)
　+2 H$_2$O　　　　　　　　　　　　+0.044
CO$_3$$^{2-}$+6 H$^+$+4 e$^-$ = HCHO(aq) +2 H$_2$O
　　　　　　　　　　　　　　　　　　+0.197
CO$_3$$^{2-}$+8 H$^+$+6 e$^-$ = CH$_3$OH(aq) +2 H$_2$O
　　　　　　　　　　　　　　　　　　+0.209

CO$_3$$^{2-}$+3 H$^+$+2 e$^-$ = HCOO$^-$+H$_2$O
　　　　　　　　　　　　　　　　　　+0.311
2 CO$_2$+4 H$^+$+2 e$^-$ = C$_2$O$_4$$^{2-}$+2 H$_2$O
　　　　　　　　　　　　　　　　　　+0.478
CH$_3$OH(aq) +2 H$^+$+2 e$^-$ = CH$_4$+H$_2$O
　　　　　　　　　　　　　　　　　　+0.588

付録⑧　ネルンストの式の導出

P と Q を酸化体，X と Y を還元体とした電子授受平衡

$$pP+qQ+ne^- = xX+yY \qquad ①$$

について，平衡条件は次のように書ける．

$$p\tilde{\mu}_P+q\tilde{\mu}_Q+n\tilde{\mu}_e = x\tilde{\mu}_X+y\tilde{\mu}_Y \qquad ②$$

P, Q, X, Y はすべて溶液中（電位＝E_S）に存在し，電子は電極内部（電位＝E_M）に存在するとすれば，各成分の電気化学ポテンシャル $\tilde{\mu}$ は，定義により次式で表される．

$\tilde{\mu}_P=\mu_P°+RT \ln a_P+z_P FE_S$
$\tilde{\mu}_Q=\mu_Q°+RT \ln a_Q+z_Q FE_S$
$\tilde{\mu}_e=\mu_e°+RT \ln a_e-FE_M=\mu_e°-FE_M$　（$a_e=1$. p.31 参照）
$\tilde{\mu}_X=\mu_X°+RT \ln a_X+z_X FE_S$
$\tilde{\mu}_Y=\mu_Y°+RT \ln a_Y+z_Y FE_S$

以上を式② に入れて少し整理すると次式になる．

$$F[nE_M-(pz_P+qz_Q-xz_X-yz_Y)E_S]$$
$$=p\mu_P°+q\mu_Q°-n\mu_e°-x\mu_X°-y\mu_Y°+RT \ln \frac{a_P{}^p \cdot a_Q{}^q}{a_X{}^x \cdot a_Y{}^y} \qquad ③$$

式① 両辺の電荷はつりあっているから，$pz_P+qz_Q-n=xz_X+yz_Y$ が成り立ち，左辺（　）内は n に等しい．また，右辺の最初5項は定数だから C として

$$nF(E_M-E_S) = C+RT \ln \frac{a_P{}^p \cdot a_Q{}^q}{a_X{}^x \cdot a_Y{}^y} \qquad ④$$

となる．適当な基準電極に対してはかった電極電位 E は E_M-E_S+定数と書けるため，定数部分をまとめて $E°$ とおけばネルンストの式になる．

$$E = E° + \frac{RT}{nF} \ln \frac{a_P{}^p \cdot a_Q{}^q}{a_X{}^x \cdot a_Y{}^y} \quad \text{⑤}$$

　P，Q，X，Yのうちたとえば P が金属（電極）なら，その電位は E_S ではなく E_M だが，$a_P=1$，$z_P=0$ より $\tilde{\mu}_P = \mu_P°$（定数）となるため，最終的な表式 ④ を修正する必要はない．

付録⑨　フィックの第二法則

　断面 1 cm²，長さ Δx cm の液柱に入った流束 $J(x)$ が $J(x+\Delta x)$ になってでていくとしよう．流束は mol cm^{-2} s^{-1} の次元をもつため，液柱内で毎秒ふえる物質の量は $J(x) - J(x+\Delta x)$ mol s^{-1} となる．

　これを液柱の体積（1 cm² × Δx cm = Δx cm³）で割れば，液柱内で毎秒ふえる濃度 $\Delta c / \Delta t$（mol cm^{-3} s^{-1} 単位）になる．

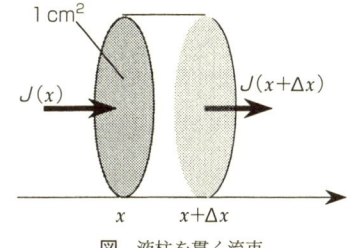

図　液柱を貫く流束

$$\Delta c/\Delta t = [J(x) - J(x+\Delta x)]/\Delta x = -\Delta J(x)/\Delta x \quad \text{①}$$

Δx，$\Delta t \to 0$ のとき，① は次の偏微分方程式で表される．

$$\partial c/\partial t = -\partial J/\partial x \quad \text{②}$$

　式 ② にフィックの第一法則（本文の式(5.1)）を代入すると，最終的に次式（拡散に関するフィックの第二法則）が得られる．

$$\partial c/\partial t = D\, \partial^2 c/\partial x^2 \quad \text{③}$$

付録⑩　コットレルの式

　電極活性物質の濃度変化を表すフィックの第二法則（付録⑨の式③）を

$$c(x, 0) = c_b \quad \text{（初期条件）}$$
$$c(0, t) = 0\,;\ c(\infty, t) = c_b \quad \text{（境界条件）}$$

のもとで解き，得られた $c(x, t)$ を式(5.5) つまり $i=nFD|\partial c/\partial x|_{x=0}$ に代入すれば，電流と時間の関係 $i(t)$ がわかる．

フィックの第二法則は，ラプラス変換という数学をつかって解き，結果は次のようになる．

$$c(x, t) = \frac{2}{\sqrt{\pi}} c_b \int_0^{x/2(Dt)^{1/2}} e^{-z^2} dz = c_b \, \text{erf}\left(\frac{x}{2\sqrt{Dt}}\right) \qquad ①$$

これを x で偏微分し，$x \to 0$ とすれば，電流密度 i が次の形に表される．

$$i(t) = nFc_b \, D^{1/2} \pi^{-1/2} t^{-1/2} \qquad ②$$

付録⑪　拡散移動の距離

時刻 $t=0$ で原点（$x=0$）においた物質（全量 c_0）が，拡散によって時間とともにどう広がるかを眺めよう．

このときフィックの第二法則(付録⑨，式③)を解けば次の結果が得られる(図)．右辺は，全空間で積分すると1になる確率分布関数を表す．

$$c(x, t)/c_0 = \frac{1}{(4\pi Dt)^{1/2}} e^{-x^2/4Dt} \qquad (\text{一次元の場合}) \qquad ①$$

$$c(r, t)/c_0 = \frac{1}{(4\pi Dt)^{3/2}} e^{-r^2/4Dt} \qquad (\text{三次元の場合}) \qquad ②$$

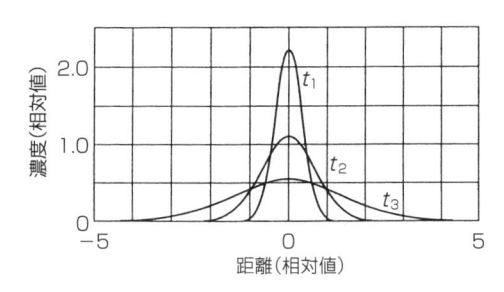

図　拡散で広がる物質の分布（時刻 $t_1 < t_2 < t_3$）

t という時間内に物質が動く平均距離を求めるには，①, ② にそれぞれ x^2, r^2 をかけて積分し(平均二乗変位 $<x^2>$, $<r^2>$)，結果の平方根をとればよい．計算すると次のようになる．

$<x^2> = 2\,Dt,\quad <x^2>^{1/2} = (2\,Dt)^{1/2}\quad$（一次元）　　　　　③

$<r^2> = 6\,Dt,\quad <r^2>^{1/2} = (6\,Dt)^{1/2}\quad$（三次元）　　　　　④

拡散移動は濃度勾配が存在しなくても起こり，上式はそうした場合にもあてはまる．たとえば25℃の水溶液中で $D = 1.3 \times 10^{-5}$ cm^2 s^{-1} のナトリウムイオン Na$^+$ は，式 ④ より，1時間で $(6 \times 1.3 \times 10^{-5}$ cm^2 s^{-1} $\times 3600$ s$)^{1/2} = 0.53$ cm ほど拡散移動する計算になる．

付録⑫　電気化学でつかう非水溶媒の例

	構造式	比誘電率[*1]	およその電位窓[*2]
アセトニトリル	CH$_3$CN	35.94	$-2.4 \sim +3.3$ V
プロピオニトリル	CH$_3$CH$_2$CN	28.9	$-2.4 \sim +3.3$ V
エチレンカーボネート	(環状炭酸エステル)	89.78	$-2.6 \sim +3.6$ V
プロピレンカーボネート	(環状炭酸エステル)	64.92	$-2.6 \sim +3.6$ V
γ-ブチロラクトン	(環状ラクトン)	39	$-2.6 \sim +5.2$ V
N,N-ジメチルホルムアミド	(CH$_3$)$_2$N-CHO	36.71	$-2.6 \sim +1.6$ V
ジメチルスルホキシド	(CH$_3$)$_2$S=O	46.45	$-2.5 \sim +1.5$ V

[*1] 一般に，値が大きいほど電解質をよく溶かす．
[*2] 精製・脱水が十分で，安定な電解質を溶かしたときのバックグラウンド電流密度がおおむね 0.1 mA cm^{-2} 以下にとどまる電位域（vs. SHE）．

索 引

あ

IR 降下　*60*
亜鉛めっき　*190*
　──浴　*190*
アクセプター　*173*
圧縮応力　*188*
圧電素子　*115*
アデノシン三リン酸　*30,181*
アデノシン二リン酸　*30*
アドアトム　*109*
アノード電流　*64*
　──密度　*77*
アノード反応　*37,62,191*
アノード溶解　*197*
アボガドロ定数　*22*
アルカリマンガン乾電池　*151,152,153*
アルマイト処理　*195*
アルミニウム　*195*
アレニウス型の温度依存性　*142*
アンダーポテンシャル析出　*108,113*
安定化ジルコニア　*138,143,162*
アンテナ色素　*180*

い

イオン
　──の空孔　*138*
　──の無限希釈モル導電率　*128*
　──のモル導電率　*125*
イオン移動度　*133*
イオン化列　*50*
イオン強度　*130*
イオン交換性高分子　*140*
イオン伝導層　*139*
イオン伝導体　*3,11,121,122*
イオン導電率　*123*
イオン独立移動の法則　*127*
イオン濃度　*9*
イオン雰囲気　*130,131*
EQCM 信号　*114*
EQCM 法 ⇨ 電気化学水晶振動子マイクロバランス法
一次電池　*150*
一酸化炭素　*162*
移動度　*121,129*
インピーダンス　*124*

え

AFM ⇨ 原子間力顕微鏡
液間電位差　*43*
SHE ⇨ 標準水素電極
SCE ⇨ 飽和カロメル電極
SDS-PAGE　*79*
STM ⇨ 走査トンネル顕微鏡
エッチング　*195*
ADP ⇨ アデノシン二リン酸
ATP ⇨ アデノシン三リン酸
エーテル系高分子　*140*
エーテル系高分子固体電解質　*143*
　──の導電率　*141*
n 型半導体　*173*

216　索　引

エネルギー　22
エネルギー移動　170
エネルギー曲線　62
エネルギー効率　66
エネルギー帯　172
エネルギー密度　165
　　電池の——　165
　　二次電池の——　165
　ABS 樹脂　193
塩化チオニル　155
エンタルピー変化　23,24
エントロピー　24,206
エントロピー増減　24
エントロピー変化　24
塩の溶解　33
円盤電極　99

お

応力緩和剤　188
オキソニウムイオン　104
オームの法則　122
オンサーガー
　　——の極限則　131
　　——の理論　130

か

開回路　177
界面コンデンサー　5
　　——の充電　11
界面の電子授受平衡　50
解離定数　129
化学エネルギー　29
化学電池　149
化学反応　60
化学平衡の基本式　32
化学ポテンシャル　29,31,146
　　——の導出　205,206
可　逆
　　電極反応の——　96

拡　散　7,74,80,187
拡散移動の距離　212
拡散距離　80,99
拡散係数　74,81,92
拡散層　74,78
拡散輸送　74
拡散律速　76,187
　　——の反応　74
可視光　168
カソード電流　64
カソード反応　37,62,191
活性化　187
活性化エネルギー　58,62,63,142
活性化状態　58,61
活性化処理　193
活　量　30,43
活量係数　131
過電圧　18,45,65,67,107,158,190
価電子帯　172
ガラス電極　52
カロメル電極　42
還元体　39
還元ピーク電位　92
還元ピーク電流　92
感受性化処理　193
乾電池　152,160

き

基準状態　31
基準電極　40,43,61,86
基底状態　168
起電力
　　電池の——　45
希薄溶液　31
ギブズエネルギー変化　25,27,160
　　——の導出　207,208
ギブズ自由エネルギー変化　25
基本周波数　113
基本単位　201
キャリヤー移動度　122

索引

吸光度　169
吸収光子数　171
吸収端エネルギー　177
吸着水素原子　104
共吸着　114
強電解質　127
希硫酸　3
銀-塩化銀電極　41, 42
キンク　187
禁制帯　172
金属水素化物　106
金属電極　39
銀電池　151
銀めっき　15, 189

く

空間電荷層　174
空気電池　151, 154
　――の放電特性　155
空　孔
　イオンの――　138
グルコース　59, 181
クロノアンペロメトリー　98
クロメート処理　190
葉緑体　180

け

結晶化　187
ゲル状高分子　141
ゲル状高分子固体電解質の導電率　142
限界電流　96
原子間力顕微鏡　118
原子量　202

こ

光化学当量則　168, 170
光化学反応　170
交換電流密度　64, 106

光合成　179
光　子　167, 168
格子間イオン　138
光沢剤　188
光沢浴　189
高分子固体電解質　140
交流抵抗　124
国際単位系　201
固相電気化学　137
固体イオニクス　137
固体高分子型燃料電池　161, 163, 164
固体酸化物型燃料電池　161, 162, 163
固体電解質　137, 144, 145, 164
コットレルの式　77, 91, 211
コールラウシュブリッジ　124
コロイド　10, 13, 79
混合伝導性材料　144
混合伝導性酸化物　144, 145, 162
混合理想気体　206
混成電位　192
コンデンサー　5

さ

サイクリックボルタモグラム　109, 112
サイクリックボルタンメトリー　85, 113
最大仕事　25
再配向エネルギー　69
錯イオン　186
錯化剤　189
酸化還元対　39, 44
酸化還元力　170
酸化体　39
酸化ピーク電位　92, 93
酸化ピーク電流　92, 93
参照電極　40
酸素イオン伝導体　146
酸素過電圧　158
酸素センサー　146
酸素発生　17
　――の過電圧　67

索引

――の電子授受平衡　51
酸素発生電位の pH 依存性　52
酸素発生反応　107
酸素分離膜　146
酸素ポンプ　147
残余電流　89

し

シアンめっき浴　189
色素増感　175
式量電位　48, 49
試験溶液　87
自己拡散　142
自己集合　110
自己触媒能　191
自己組織化　110
　　――単分子層　109
自己放電　164
支持塩　14
支持電解質　14, 88
湿式光電池　175
質量作用の法則　32, 33, 49
質量モル濃度　31
時定数　6
CV ⇒ サイクリックボルタンメトリー
弱電解質　128
重水　106
集電体　150, 152
充電電流　6, 88
樹枝状結晶　159, 187
準可逆
　　電極反応の――　96
純水　3
条件づき電位　48
照合電極　40
衝突頻度　80
食塩水　12
　　――の電解　17
食塩水電解　66
所要電圧

電解の――　44
シリコン　178

す

水銀　152
水酸化物イオン移動　134
水晶振動子　113
水素過電圧　152, 158
水素吸蔵合金　158
水素-酸素燃料電池　161
水素発生　17
　　――の過電圧　67
水素発生速度　3
水素発生電位の pH 依存性　52
水素発生反応　104, 105
水溶液系電解質　163
スキャン　85
ステップ　187
ストークスの式　132
ストークス半径　131, 132

せ

正極活物質　150
正孔　173, 176
静止ボルタンメトリー　85
静電容量　5
整流性　174
絶縁体　122
絶縁物の無電解めっき　193
接頭語　201
Z スキーム　181
セパレーター　150
セラミックス　193
セル定数　124
セル電圧　40
線形拡散　97
センサー　145

索引　219

そ

掃引　85
増感色素　175, 181
走査　85
走査速度　92
走査トンネル顕微鏡　115
速度定数　60, 63, 64
速度論　21

た

体積モル濃度　31
ダイナミックス　75, 77
ダイヤモンド　59
太陽光エネルギー　180
太陽光エネルギー変換効率　177, 182
太陽光スペクトル分布　178
太陽電池　176, 179
対流ボルタンメトリー　85
多孔質アルミニウムはく　198
多孔質皮膜　195
ダニエル電池　37, 45, 123
ターフェルの関係　65
単結晶電極　113
単色光　169, 171
単分子層　110, 111
　　自己組織化――　109
短絡回路　177

ち

チオール　110
蓄電池　156
チタン　197
注水電池　151
超格子構造　138
超純水　4
直列回路
　　$R\text{-}C$ の――　5

チラコイド膜　180

つ

対流層　78
つりあいの条件　31

て

デバイ長　130
デバイ半径　130, 131
デバイ-ヒュッケルの極限式　131
デバイ-ヒュッケル理論　130
電圧降下　61
電位　22, 38, 57
　　――の制御　60
電位差　22
電位走査　91
　　――のプロフィル　90
電位走査速度　112
電位プロフィル　40
電解　1
　　――の所要電圧　44
　　食塩水の――　17
　　水の――　3
電解液　121
電解エッチング　197
電解研磨　197
電荷移行　187
電荷移行律速　187
電解コンデンサー　195
電解質　150
　　電池の――　163
電解電流　57, 63, 73
　　――の消失　111
電解反応
　　水の――　15
電解分離　106
電解分離率　106
添加剤
　　めっき浴の――　188

電荷素量　22
電気泳動　4,13,79
電気エネルギー　7,22
電気化学 STM　115
電気化学系　1,3
電気化学計測　62
電気化学水晶振動子マイクロバランス法　113
電気化学ポテンシャル　49,50
電気自動車　159
電気抵抗　5,124
電気的中性の原理　11
電気二重層　6,7,75,78,124,131,144
　——の厚み　9
電気分解　1,10,12
電気めっき　186
電気めっき条件　189
電極界面　4,75,78
電極材料　105
電極電位　90
電極反応　57,60,81,103
　——の可逆　96
　——の可逆性　93
　——の準可逆　96
　——の非可逆　96
電極表面　103
電子移動　23
電子移動律速　75
電子エネルギー　39
電子授受　4,7,111
　——の向き　45
電子授受速度　73
電子授受能　44
電子授受反応　81
電子授受平衡
　界面の——　50
　酸素発生の——　51
電子伝導体　3,11,121,122
電磁波　167
電子ボルト　23
電池　145,149

——のエネルギー密度　165
——の起電力　45
——の電解質　163
電着塗装　191
電鋳　194
伝導帯　172
デンドライト　159,187
電離度　127,128,129
　硫酸の——　203
電流効率　66
電流-時間曲線　99
電流-電位曲線　85,192
電流密度　3,64,77

と

銅-亜鉛電池　28,37,45,123
動作電圧　46
動作電極　41,61,86
導電イオン　138
　無機固体電解質の——　138
導電率　87,121,122,124,138,142,143
　——の温度変化　143
　エーテル系高分子固体電解質の——　141
　ゲル状高分子固体電解質の——　142
　Nafion® の——　141
　無機固体電解質の——　138
銅めっき　189,192
トンネル電流　115

な

Nafion®　140,141,163
　——の導電率　141
鉛蓄電池　156
　——の構成　157
　——の放電反応　157

索引　221

に

二酸化炭素　162
二次電池　156
　　——のエネルギー密度　165
ニッケル-カドミウム電池　156, 157
ニッケル-金属水素化物電池　156, 158
ニッケル水素電池　158
ニッケル-鉄電池　156
ニッケルめっき　189, 192
入射光子数　171

ね

熱運動　7, 61, 80, 81
　　——による拡散　81
熱力学　21
ネルンスト-アインシュタインの式　142
ネルンストの式　49, 50, 51, 76, 89
　　——の導出　210
燃料電池　160, 161
燃料電池自動車　163

の

濃度勾配　76
濃度プロフィル　92

は

バイオマス　180
バグダッド電池　150, 186
白金黒　41, 125
バックグラウンド測定　88
バトラー・フォルマーの式　64, 75, 76
ハニカム構造　196
バリアー型皮膜　195
バルブメタル　195
半球状拡散　97
半導体　172

半導体電極　172, 175
　　——の分光増感　176
反応座標　58
反応速度　3, 57, 105
反応中心　181
反応電子数　92
反応熱　23, 24
反応論　21
半波電位　92, 93

ひ

pH依存性　52
pHメーター　52
p-n接合型太陽電池　176, 177
非可逆
　　電極反応の——　96
非可逆系　95
p型半導体　173
光エネルギー変換効率　171
光化学当量則　168, 170
光化学反応　170
光吸収
　　——の強さ　169
　　物質の——　169
光吸収率　171
光触媒　176
光増感電解　175
光電極反応　172, 174
光励起　170
ピークセパレーション　93
ピーク電流　112
非晶質構造　139
微小電極　95, 96, 98
非水溶液系電解質　164
非水溶媒　155, 159, 213
引っ張り応力　188
比抵抗　123
ヒドロニウムイオン　104, 133
非ファラデー電流　75
被覆率　114

222　索引

非プロトン性溶媒　155
標準酸化還元電位　38
標準状態　23
標準水素電極　41
標準生成ギブズエネルギー　21,26,28,
　37,204,205
標準単極電位　38
標準電極電位　37,38,49,208,209
標準レドックス電位　38
表面電荷密度　8
表面密度　111

ふ

ファラデー　14
ファラデー定数　22,63
ファラデー電流　75,88,89
ファンデルワールス層　159
ファンデルワールス力　110
フィックの第一法則　74
フィックの第二法則　77,211
フィルファクター　177
封孔　196
封孔処理　196
フェルミ準位　39,40,173,176
フェロセンのボルタモグラム　94
フェロセンのボルタンメトリー　93
不活性電極　86
負極活物質　150
複合めっき　190
複素インピーダンス法　124
不純物半導体　173
フッ化黒鉛　155
物質の光吸収　169
物質輸送　73,90
物質輸送速度　73
フッ素系イオン交換性高分子膜　163
物理定数　202
物理電池　149
プラスチック　193
フラットバンド電位　174

プランク定数　168
プロトン移動　133
プロトンジャンプ機構　134
プロフィル
　電位走査の——　90
分圧　31
分極　62,63
分光増感　175
　半導体電極の——　176
分散めっき　190

へ

平均活量係数　131
平衡　31
平衡定数　32,129
平衡論　21
β-アルミナ　139

ほ

放射状拡散　97
放電特性　151
　空気電池の——　155
放電反応
　鉛蓄電池の——　157
飽和カロメル電極　42
飽和濃度　46
補助電極　61,86
ボタン型空気電池　154
ポテンシオスタット　61
ポーラス皮膜　195
ポーラログラフィー　86
ボルタ電池　29,47,149
ボルタモグラム　85,88,89,90,91,111,
　114
ボルタンメトリー　85,87
　フェロセンの——　93
ボルツマン因子　59

索引　223

ま

マーカス理論　68
マグネシウム　197
マクロ電極　98
摩擦　64
マンガン乾電池　151, 160

み

ミクロ相分解構造　140
水の電解　3
水の電解反応　15
ミッシュメタル　158

む

無機固体電解質
　——の導電イオン　138
　——の導電率　138
無限希釈モル導電率　127
無電解めっき　186, 191, 192
無輻射遷移　170

め

メタノール　103
めっき　186
めっき浴の添加剤　188

も

モル吸光係数　169
モル導電率　125, 127, 131
モル分率　30

ゆ

有機溶媒　43
誘導単位　201

UPD ⇒ アンダーポテンシャル析出
輸率　126, 144

よ

溶解　25
　塩の——　33
溶解度　46
溶解度積　34, 46
溶解平衡　46
陽極酸化　195, 197
溶媒和　132
溶融塩系電解質　164
溶融炭酸塩型燃料電池　161
葉緑体　180

ら

ランベルト・ベールの式　169

り

力学エネルギー　22
理想気体
　単一成分の——　205
リチウムイオン電池　156, 159
リチウム電池　151, 155
リチウム-マンガン電池　151
律速段階　73, 107
硫酸の電離度　203
粒子の運動速度　80
流束　74
量子収率　171
リン酸型燃料電池　45, 161, 162

る

ルクランシェ電池　151
ルシャトリエの法則　32

れ

励起状態　168,170
励起分子　170

レドックス対　39

わ

ワルデン則　131,132

著者連絡先
渡辺　正　watanabe@iis.u-tokyo.ac.jp
金村聖志　kanamura-kiyoshi@c.metro-u.ac.jp
益田秀樹　masuda-hideki@c.metro-u.ac.jp
渡辺正義　mwatanab@ynu.ac.jp

基礎化学コース
電　気　化　学

平成13年 5 月15日　発　　　行
令和 6 年12月25日　第29刷発行

著作者　　渡　辺　　　正・金　村　聖　志
　　　　　益　田　秀　樹・渡　辺　正　義

発行者　　池　田　和　博

発行所　　丸善出版株式会社
〒101-0051　東京都千代田区神田神保町二丁目17番
編集：電話(03)3512-3263／FAX(03)3512-3272
営業：電話(03)3512-3256／FAX(03)3512-3270
https://www.maruzen-publishing.co.jp

© Tadashi Watanabe, 2001

組版印刷・三報社印刷株式会社／製本・株式会社松岳社

ISBN 978-4-621-08112-9 C 3343　　　　Printed in Japan

本書の無断複写は著作権法上での例外を除き禁じられています。

基礎化学コース　タイトル一覧

基礎

無機化学	平野眞一	2,900 円
有機化学 I	山岸敬道	2,800 円
有機化学 III	山岸敬道・山口素夫・彌田智一	2,400 円
物理化学 I	田中一義	
物理化学 II	阿竹　徹・齋藤一弥	
分析化学 I	保母敏行・井村久則・鈴木孝治	3,200 円
分析化学 II	北森武彦・宮村一夫	3,000 円
生命化学 I	小宮山真・八代盛夫	2,800 円
生命化学 II 第 2 版	渡辺公綱・姫野俵太	3,800 円

基礎専門

電気化学	渡辺　正・金村聖志・益田秀樹・渡辺正義	2,500 円
高分子化学 II	松下裕秀	2,800 円
光化学 I	井上晴夫・高木克彦・朴　鐘震・佐々木政子	3,200 円
光化学 II	井上晴夫・高木克彦・朴　鐘震・佐々木政子	
熱力学	阿竹　徹・加藤　直・川路　均・齋藤一弥・横川晴美	2,800 円
量子化学 I	井上晴夫	2,900 円
界面化学	近澤正敏・田嶋和夫	3,000 円

コンピューター

コンピューター・化学数学 I	飯塚悦功・兼子　毅・原田　明	
コンピューター・化学数学 II	平尾公彦・山下晃一	
コンピューター・化学数学 III	平尾公彦・山下晃一・北森武彦・越　光男・堤　敦司	

(税別)